PRATICHE DI BUSHCRAFT PER PRINCIPIANTI

Una guida completa alla sopravvivenza e all'autosufficienza nella natura selvaggia

STEPHEN MC. DENNIS

Copyright © 2024 di STEPHEN MC. DENNIS

Tutti i diritti riservati. Nessuna parte di questa pubblicazione può essere riprodotta, distribuita o trasmessa in qualsiasi forma o con qualsiasi mezzo, comprese fotocopie, registrazioni o altri metodi elettronici o meccanici, senza il previo consenso scritto dell'editore, tranne nel caso di brevi citazioni incorporate nelle recensioni critiche e in alcuni altri usi non commerciali consentiti dalla legge sul copyright.

Sommario

Sommario	2
INTRODUZIONE	1
CAPITOLO 1	**10**
Comprendere l'ambiente selvaggio	**10**
Identificazione di diversi tipi di ambienti selvaggi	10
Comprensione dei modelli meteorologici e dei pericoli naturali	18
Consapevolezza e sicurezza della fauna selvatica	25
CAPITOLO 2	**34**
Attrezzi e strumenti essenziali	**34**
Strumenti di base per Bushcraft	34
Attrezzatura essenziale	41
Aiuti alla navigazione	50
CAPITOLO 3	**60**
Vigili del fuoco	**60**
Principi di accensione del fuoco	60
Costruire e mantenere il fuoco in varie condizioni	68
Principi di sicurezza antincendio e di non lasciare traccia	76
CAPITOLO 4	**84**
Edificio del rifugio	**84**
Tipi di rifugio	84
Scegliere la posizione giusta per il rifugio	90
Isolamento e comfort nei rifugi naturali	97
CAPITOLO 5	**104**

Approvvigionamento e purificazione dell'acqua 104

    Trovare fonti d'acqua nel deserto   104
    Metodi di purificazione dell'acqua   111
    Strategie di idratazione e conservazione dell'acqua   120

CAPITOLO 6   128
Approvvigionamento alimentare   128
    Ricerca di piante e bacche commestibili   128
    Cattura e caccia alla piccola selvaggina   136
    Tecniche e attrezzi da pesca   143

CAPITOLO 7   152
Legatura dei nodi e lavoro con la corda   152
    Nodi essenziali per Bushcraft   152
    Usi della corda nella costruzione di rifugi e nell'artigianato del campo   159
    Nodi avanzati per applicazioni specifiche   166

CAPITOLO 8   174
Navigazione naturale e orientamento   174
    Utilizzo dei segni naturali per la direzione   174
    Navigazione con Mappe e Bussola   181
    Sfide ed esercizi di orientamento   190

CAPITOLO 9   200
Pronto soccorso nella natura selvaggia   200
    Lesioni e malattie comuni nella natura selvaggia   200
    Elementi essenziali del kit di pronto soccorso di base   209
    Tecniche di segnalazione di emergenza e procedure di salvataggio   217

CAPITOLO 10   226

Etica e sostenibilità di Bushcraft   **226**
   Principi di non lasciare traccia in Bushcraft 226
   Rispetto della fauna selvatica e degli ecosistemi 233
   Pratiche sostenibili per l'uso della natura selvaggia a lungo termine   240
CONCLUSIONE   **250**

INTRODUZIONE

Bushcraft è un campo affascinante e pratico che prevede l'utilizzo di competenze e conoscenze per prosperare nell'ambiente naturale. Va oltre le semplici attività all'aria aperta e le tecniche di sopravvivenza, approfondendo le antiche pratiche che gli esseri umani hanno utilizzato per secoli per vivere comodamente ed efficientemente nella natura selvaggia. Storicamente, il bushcraft era essenziale per le popolazioni indigene e i primi coloni che facevano affidamento sull'ambiente circostante per cibo, riparo e strumenti. Queste abilità sono state tramandate di generazione in generazione, consentendo alle persone di vivere in armonia con la natura.

Bushcraft comprende una vasta gamma di abilità, dalla costruzione di rifugi, all'accensione di incendi, alla ricerca di cibo e alla purificazione dell'acqua. A differenza del campeggio moderno, che spesso fa affidamento su attrezzature fabbricate e pasti preparati, il bushcraft enfatizza l'utilizzo di materiali naturali e tecniche tradizionali. Questo approccio favorisce una profonda connessione con l'ambiente, poiché i professionisti imparano a osservare e utilizzare le risorse che li circondano. Comprendere il mondo naturale in questo modo consente un maggiore apprezzamento della sua bellezza e complessità.

Uno dei vantaggi più significativi dell'apprendimento del bushcraft è il senso di autosufficienza che fornisce. Sapere che puoi fare affidamento sulle tue capacità per soddisfare i tuoi bisogni primari in natura crea fiducia e indipendenza. Questa fiducia in se stessi non riguarda solo la sopravvivenza in situazioni estreme; si tratta di essere capaci e intraprendenti in qualsiasi ambiente esterno. Che tu sia in campeggio per un fine settimana o in una lunga spedizione nella natura selvaggia, le abilità del bushcraft ti consentono di affrontare le sfide con facilità e creatività.

Oltre all'autosufficienza, il bushcraft favorisce una profonda connessione con la natura. Nel mondo frenetico e guidato dalla tecnologia di oggi, è facile disconnettersi dall'ambiente naturale. Bushcraft ti incoraggia a rallentare, osservare l'ambiente circostante e interagire con il paesaggio a un livello più profondo. Imparando a identificare le piante, a seguire le tracce degli animali e a comprendere i modelli meteorologici, diventerai più in sintonia con i ritmi della natura. Questa connessione non solo migliora le tue esperienze all'aria aperta, ma promuove anche il benessere mentale, riducendo lo stress e favorendo un senso di pace ed equilibrio.

Bushcraft insegna anche preziose capacità di problem-solving e di pensiero critico. Nella natura selvaggia, spesso è necessario improvvisare e adattarsi alle mutevoli condizioni. Ad esempio, se vieni sorpreso da un temporale improvviso, potresti dover costruire rapidamente un riparo con i materiali disponibili o trovare un modo per mantenere acceso il fuoco nonostante le condizioni di umidità. Queste situazioni richiedono creatività e intraprendenza, doti utili non solo negli ambienti outdoor ma anche nella vita di tutti i giorni. La capacità di pensare con i propri piedi e di trovare soluzioni innovative è un aspetto chiave del bushcraft.

Inoltre, il bushcraft promuove la forma fisica e la salute. Molte attività del bushcraft, come costruire rifugi, tagliare la legna e cercare cibo, comportano uno sforzo fisico. Queste attività forniscono un allenamento per tutto il corpo, migliorando la forza, la resistenza e la coordinazione. Essere attivi all'aria aperta comporta anche numerosi benefici per la salute, tra cui il miglioramento della salute cardiovascolare, il potenziamento della funzione immunitaria e una maggiore esposizione alla vitamina D proveniente dalla luce solare. Partecipare ad attività bushcraft può aiutarti a rimanere in forma e in salute mentre ti godi la bellezza della natura.

La preparazione alle situazioni di emergenza è un altro vantaggio cruciale del bushcraft. Anche se molte persone associano il bushcraft a piacevoli attività all'aria aperta, le abilità che apprendi possono salvarti la vita in caso di crisi. Ad esempio, sapere come accendere un fuoco senza fiammiferi, purificare l'acqua da una fonte naturale o costruire un riparo con rami e foglie può fare la differenza tra la vita e la morte in caso di emergenza. Queste competenze non sono solo teoriche; sono tecniche pratiche che si sono dimostrate efficaci nel corso dei secoli. Padroneggiandoli, acquisisci la sicurezza e la capacità di gestire sfide inaspettate.

Bushcraft ha anche un valore educativo per bambini e adulti. Per i bambini, apprendere le abilità del bushcraft può essere un modo divertente e coinvolgente per sviluppare una serie di competenze, da abilità pratiche come fare nodi e costruire fuochi a concetti più ampi come l'ecologia e la gestione ambientale. Incoraggia l'apprendimento pratico e favorisce un senso di curiosità ed esplorazione. Per gli adulti, il bushcraft offre la possibilità di riconnettersi con la conoscenza ancestrale e sviluppare una comprensione più profonda del mondo naturale. Può anche essere un hobby gratificante che fornisce un senso di realizzazione e soddisfazione.

Praticando il bushcraft impari ad apprezzare l'importanza della sostenibilità e della responsabilità ambientale. Bushcraft sottolinea il principio "non lasciare traccia", che significa ridurre al minimo l'impatto sull'ambiente. Ciò include pratiche come spegnere adeguatamente gli incendi, evitare danni alle piante e alla fauna selvatica e imballare tutta la spazzatura. Aderendo a questi principi, contribuisci a preservare la bellezza naturale delle aree selvagge per le generazioni future. Questa etica di rispetto e cura per l'ambiente è un principio centrale del bushcraft e una lezione importante per tutti gli appassionati di outdoor.

Bushcraft promuove anche un senso di comunità e di apprendimento condiviso. Sebbene molti aspetti del bushcraft possano essere praticati da soli, spesso è più divertente e gratificante se fatto con altri. I corsi, i workshop e gli incontri di Bushcraft offrono l'opportunità di imparare da professionisti esperti, condividere conoscenze e costruire amicizie con persone che la pensano allo stesso modo. Queste connessioni sociali possono migliorare la tua esperienza nel bushcraft e fornire una rete di supporto mentre continui a sviluppare le tue capacità.

Imparare il bushcraft può anche approfondire la tua comprensione della storia e della cultura umana. Molte tecniche di bushcraft affondano le loro radici nelle pratiche delle popolazioni indigene e dei primi coloni. Studiando questi metodi, ottieni informazioni su come i nostri antenati vivevano e prosperavano in armonia con la natura. Questa prospettiva storica arricchisce la tua pratica bushcraft e favorisce un maggiore apprezzamento per l'ingegno e la resilienza delle generazioni passate.

Il Bushcraft è una disciplina poliedrica e gratificante che offre numerosi vantaggi. Promuove l'autosufficienza, migliora la connessione con la natura e fornisce preziose capacità di risoluzione dei problemi. Bushcraft promuove la forma fisica, ti prepara per le situazioni di emergenza e offre valore educativo per tutte le età. Insegna la sostenibilità e la responsabilità ambientale, incoraggia la comunità e l'apprendimento condiviso e approfondisce la comprensione della storia e della cultura umana. Che tu sia nuovo alle attività all'aria aperta o un avventuriero esperto, apprendere le abilità del bushcraft può arricchire le tue esperienze all'aria aperta e fornire una connessione permanente con il mondo naturale.

CAPITOLO 1

Comprendere l'ambiente selvaggio

Identificazione di diversi tipi di ambienti selvaggi

Comprendere l'ambiente selvaggio è un aspetto cruciale del bushcraft. La natura selvaggia si presenta in molte forme, ognuna con le proprie caratteristiche e sfide uniche. Foreste, deserti, montagne, zone umide e aree costiere sono alcuni dei principali tipi di ambienti selvaggi che potresti incontrare. Conoscere questi ambienti ti aiuta a prepararti per le condizioni specifiche che dovrai affrontare e ti consente di prendere decisioni informate per garantire la tua sicurezza e il tuo benessere.

Le foreste sono tra gli ambienti selvaggi più comuni e diversificati. Possono essere classificati in diversi tipi, comprese le foreste pluviali tropicali, le foreste temperate e le foreste boreali. Le foreste pluviali tropicali, che si trovano vicino all'equatore, sono caratterizzate da una fitta vegetazione, elevata umidità e una ricca diversità di vita vegetale e animale. Il calore e l'umidità costanti creano un ambiente in cui le piante crescono rapidamente e la competizione per la luce solare è feroce. Navigare attraverso una foresta pluviale può essere impegnativo a causa del fitto sottobosco e delle frequenti piogge. È essenziale proteggersi dagli insetti e fare attenzione agli animali potenzialmente pericolosi come serpenti e grandi felini.

Le foreste temperate, situate in regioni con stagioni distinte, come il Nord America e l'Europa, ospitano alberi decidui che perdono le foglie in autunno. Queste foreste offrono una serie diversa di sfide e opportunità. Il cambiamento delle stagioni significa che devi essere preparato per una varietà di condizioni meteorologiche, dalle estati calde agli inverni freddi. In autunno, le foglie cadute possono rendere i sentieri scivolosi e oscurare il terreno, mentre in inverno la neve può rendere difficile il viaggio. Tuttavia, le foreste temperate forniscono anche ampie risorse per il bushcraft, compreso il legname per ripararsi e accendere il fuoco, nonché una varietà di piante e animali commestibili.

Le foreste boreali, o taiga, si trovano nelle regioni settentrionali del mondo, come Canada, Russia e Scandinavia. Queste foreste sono costituite principalmente da conifere come pini, abeti rossi e abeti. La foresta boreale sperimenta inverni lunghi e rigidi ed estati brevi e miti. La sopravvivenza in questo ambiente richiede la conoscenza di come stare al caldo e trovare cibo nel paesaggio innevato. Costruire rifugi isolati e sapere come accendere un fuoco in condizioni di gelo sono competenze essenziali. La vegetazione rada e le fonti di cibo limitate implicano che devi essere abile nel cercare cibo e nella caccia per mantenerti.

I deserti presentano un netto contrasto con le foreste. Questi ambienti aridi ricevono pochissime precipitazioni e sono caratterizzati da temperature estreme. I deserti possono essere caldi, come il Sahara in Africa, o freddi, come il Gobi in Asia. I deserti caldi sono caratterizzati da temperature diurne torride, che possono superare i 100 gradi Fahrenheit, e notti fredde. La mancanza d'acqua è la sfida più significativa in un deserto caldo. Trovare e conservare l'acqua è fondamentale e devi sapere come riconoscere i segni di fonti d'acqua, come alcune piante o tracce di animali. Anche proteggersi dal sole e gestire la propria energia per evitare colpi di calore sono importanti.

I deserti freddi, invece, hanno temperature gelide e spesso ricevono neve invece che pioggia. La sfida principale nei deserti freddi è stare al caldo ed evitare l'ipotermia. Gli indumenti isolanti e il riparo sono vitali, così come la capacità di accendere un fuoco in condizioni ventose e ghiacciate. Le fonti di cibo sono limitate, quindi sapere come cacciare e intrappolare la piccola selvaggina può essere un vero toccasana.

Le montagne offrono una serie di sfide completamente diverse. Questi ambienti sono caratterizzati da terreni ripidi, alte quote e condizioni meteorologiche variabili. Nelle regioni montuose, le temperature possono cambiare rapidamente e le condizioni meteorologiche possono essere imprevedibili. Più si sale, più l'aria diventa rarefatta, il che può rendere più difficile la respirazione e aumentare il rischio di mal di montagna. La navigazione può essere impegnativa a causa del terreno accidentato e della visibilità limitata in condizioni di nebbia o neve. Tuttavia, le montagne offrono anche l'opportunità di trovare acqua dolce da ruscelli e laghi, nonché abbondanza di legname per costruire rifugi e fuochi.

Le zone umide, comprese le paludi, gli acquitrini e gli acquitrini, sono un altro tipo di ambiente selvaggio. Queste aree sono caratterizzate da terreni saturi d'acqua e da un'abbondanza di vegetazione acquatica. La navigazione nelle zone umide può essere difficile a causa del terreno soffice e fangoso e della fitta vegetazione. Gli insetti, come le zanzare, sono spesso prevalenti in queste zone, quindi è essenziale proteggersi dai morsi. Trovare un terreno asciutto per allestire il campo e stare al caldo in condizioni umide può essere difficile. Tuttavia, le zone umide sono ricche di vita vegetale e animale e offrono opportunità di foraggiamento e pesca.

Le aree costiere, che comprendono spiagge, scogliere e coste rocciose, presentano una serie di sfide uniche. Questi ambienti sono influenzati dalle maree, dalle onde e dall'acqua salata. La navigazione nelle zone costiere richiede la comprensione dei modelli delle maree per evitare di rimanere incagliati o catturati dall'innalzamento dell'acqua. Costruire ripari in grado di resistere ai forti venti e proteggersi dalle scottature solari e dalla disidratazione sono considerazioni importanti. Le zone costiere spesso forniscono abbondanti fonti di cibo, come pesce, crostacei e alghe commestibili, ma è necessario essere informati su quali sono sicuri da mangiare.

Ogni ambiente selvaggio richiede abilità e conoscenze specifiche per navigare e sopravvivere. Comprendere le caratteristiche uniche e le sfide di foreste, deserti, montagne, zone umide e aree costiere ti aiuta a prepararti per le tue avventure e aumenta le tue possibilità di successo. Che tu abbia a che fare con una fitta vegetazione, temperature estreme, terreno accidentato o terreno saturo d'acqua, essere ben preparati e ben informati sul tuo ambiente è la chiave per prosperare nella natura selvaggia.

Oltre alle sfide fisiche, ogni ambiente offre anche opportunità uniche di apprendimento e connessione con la natura. Osservare la diversa vita vegetale e animale, comprendere l'interdipendenza degli ecosistemi e apprezzare la bellezza dei paesaggi naturali arricchisce la tua esperienza nel bushcraft. Rispettando e adattandoti al mondo naturale, sviluppi un apprezzamento più profondo per la sua complessità e resilienza.

Padroneggiare il bushcraft implica apprendimento e adattamento continui. Non esistono due ambienti esattamente uguali e le condizioni possono cambiare rapidamente. Rimanere informati, mettere in pratica le tue abilità e prestare attenzione a ciò che ti circonda ti consente di navigare e prosperare in qualsiasi ambiente selvaggio. Che tu stia esplorando una fitta foresta, attraversando un deserto arido, scalando una montagna, attraversando zone umide o camminando lungo una costa, comprendere la natura selvaggia è il fondamento del successo del bushcraft.

Comprensione dei modelli meteorologici e dei pericoli naturali

Comprendere i modelli meteorologici e i rischi naturali è essenziale per chiunque si avventuri nella natura selvaggia. Essere in grado di prevedere il tempo e riconoscere i segnali di potenziali pericoli può aumentare significativamente la tua sicurezza e migliorare la tua esperienza all'aria aperta. Il tempo può cambiare rapidamente e i pericoli naturali come tempeste, inondazioni e valanghe possono verificarsi con poco preavviso. Imparando a leggere i segnali e ad anticipare questi eventi, puoi prendere decisioni informate e prendere le precauzioni appropriate.

Una delle abilità più importanti nella lettura dei modelli meteorologici è l'osservazione del cielo. L'aspetto delle nuvole può fornire preziosi indizi sul tempo imminente. Ad esempio, i cumuli, che sono soffici e bianchi con basi piatte, indicano tipicamente bel tempo. Tuttavia, se queste nuvole iniziano a diventare più grandi e più alte, formando cumulonembi, potrebbero segnalare un temporale in arrivo. I cumulonembi sono scuri e imponenti, spesso accompagnati da fulmini, tuoni e forti piogge. Prestare attenzione a questi cambiamenti può aiutarti a prepararti per improvvisi cambiamenti climatici.

I cirri, sottili e sottili, si vedono spesso in alto nel cielo e possono indicare che sta arrivando un cambiamento del tempo. Queste nubi solitamente precedono un fronte caldo, che può portare pioggia o neve nelle successive 24-48 ore. Le nubi stratificate, che formano una bassa coltre grigia nel cielo, sono tipicamente associate a condizioni di cielo coperto e precipitazioni costanti. Imparando a riconoscere questi tipi di nuvole e le loro implicazioni, puoi prevedere meglio il tempo e pianificare le tue attività di conseguenza.

Anche la direzione e la velocità del vento sono importanti indicatori dei cambiamenti meteorologici. Un improvviso cambiamento nella direzione del vento può segnalare l'avvicinarsi di un fronte o di un sistema temporalesco. Ad esempio, se il vento cambia da una direzione da sud a una direzione da nord, potrebbe indicare l'arrivo di un fronte freddo, che porterà temperature più fresche e possibili condizioni meteorologiche avverse. L'aumento della velocità del vento può anche suggerire l'avvicinarsi di una tempesta. Osservare il comportamento del vento e notare eventuali cambiamenti può fornire preziose informazioni sulle condizioni meteorologiche imminenti.

Oltre a osservare il cielo e il vento, prestare attenzione ai cambiamenti di temperatura e umidità può aiutarti ad anticipare i cambiamenti meteorologici. Un improvviso calo della temperatura può indicare l'arrivo di un fronte freddo, mentre un rapido aumento dell'umidità può suggerire l'arrivo della pioggia. Puoi anche utilizzare indicatori naturali, come il comportamento di animali e piante, per prevedere il tempo. Ad esempio, gli uccelli spesso volano più in basso prima di un temporale e alcuni fiori chiudono i petali per proteggersi dalla pioggia. Questi sottili segnali possono fornire ulteriori indizi sulle prossime condizioni meteorologiche.

I pericoli naturali come tempeste, inondazioni e valanghe rappresentano rischi significativi nelle aree selvagge e capire come anticiparli è fondamentale. I temporali possono svilupparsi rapidamente, portando forti piogge, fulmini e forti venti. Per stare al sicuro, cerca rifugio in una zona bassa, lontano da alberi ad alto fusto, campi aperti e specchi d'acqua. Evitare l'uso di oggetti metallici poiché possono attirare i fulmini. Se senti un tuono, significa che il fulmine è abbastanza vicino da costituire un pericolo, quindi mettiti immediatamente al riparo.

Le inondazioni rappresentano un altro grave pericolo, in particolare nelle aree vicine a fiumi, laghi e altri corpi idrici. Le forti piogge possono causare lo straripamento di fiumi e torrenti, provocando inondazioni improvvise che possono verificarsi con poco preavviso. Per anticipare le inondazioni, tieni presente le previsioni meteorologiche e cerca segnali come il rapido aumento del livello dell'acqua, acqua fangosa o piena di detriti e cambiamenti nel colore o nel flusso dell'acqua. Se sospetti che un'alluvione sia imminente, spostati immediatamente su un terreno più elevato ed evita di camminare o guidare attraverso aree allagate, poiché anche le acque poco profonde possono essere pericolose.

Le valanghe rappresentano un pericolo significativo nelle regioni montuose, soprattutto durante l'inverno e la primavera, quando le condizioni del manto nevoso sono instabili. Le valanghe si verificano quando uno strato di neve crolla e scivola lungo un pendio e possono essere innescate da fattori come forti nevicate, rapido riscaldamento o attività umana. Per anticipare le valanghe, impara a riconoscere i segni di condizioni di neve instabile, come la neve che si spezza o crolla, l'attività valanghiva recente nella zona e i suoni "whumpfing" che indicano l'assestamento del manto nevoso. Controlla le previsioni delle valanghe e porta sempre con te l'attrezzatura di sicurezza essenziale, come l'arva, la sonda e la pala. Se sospetti la presenza di valanghe, evita i pendii ripidi e viaggia in gruppo per aumentare la sicurezza.

Oltre a questi pericoli specifici, è importante essere consapevoli dei rischi ambientali generali. Ad esempio, nelle aree soggette a terremoti, familiarizza con le procedure di sicurezza antisismica e identifica i luoghi sicuri in cui ripararti. Nelle regioni con attività vulcanica, impara a riconoscere i segni di un'eruzione imminente, come l'aumento dell'attività sismica, le emissioni di gas e i cambiamenti nel paesaggio. Rimanere informati sui pericoli specifici dell'area che stai esplorando può aiutarti a prepararti e a rispondere in modo efficace.

È anche essenziale capire come le condizioni meteorologiche e i rischi naturali possono interagire. Ad esempio, un temporale in una zona montuosa può provocare inondazioni improvvise e frane, mentre forti nevicate possono aumentare il rischio di valanghe. Riconoscere questi rischi interconnessi ti consente di prendere decisioni più informate sulle tue attività e sui tuoi percorsi.

Essere preparati ai cambiamenti climatici e ai pericoli naturali implica molto più della semplice osservazione. Portare con sé attrezzi e attrezzature adeguate è fondamentale. Ciò include indumenti adatti alle condizioni meteorologiche, come giacche impermeabili e strati isolanti, nonché forniture di emergenza come un kit di pronto soccorso, cibo e acqua extra e strumenti di navigazione. Avere una fonte affidabile di previsioni del tempo, come una radio meteorologica o un'app per smartphone, può fornire informazioni aggiornate sulle condizioni meteorologiche e sugli avvisi.

Comprendere i modelli meteorologici e i rischi naturali è un'abilità vitale per chiunque trascorra del tempo nella natura selvaggia. Imparando a leggere i segnali del cielo, il vento, la temperatura e gli indicatori naturali, puoi anticipare meglio i cambiamenti meteorologici e prepararti a potenziali pericoli. Riconoscere i segnali di tempeste, inondazioni, valanghe e altri rischi ti consente di adottare misure proattive per garantire la tua sicurezza. Dotato di conoscenze, capacità di osservazione e dell'attrezzatura giusta, puoi navigare nella natura selvaggia con sicurezza e goderti le tue avventure all'aria aperta riducendo al minimo i rischi.

Consapevolezza e sicurezza della fauna selvatica

La consapevolezza e la sicurezza della fauna selvatica sono aspetti essenziali del bushcraft e delle attività all'aperto. Gli incontri con la fauna selvatica possono essere emozionanti, ma possono anche essere pericolosi se non gestiti correttamente.

Sapere come riconoscere ed evitare gli animali pericolosi, nonché cosa fare se li incontri, può aiutarti a mantenerti al sicuro e garantire un'esperienza positiva nella natura selvaggia.

Gli incontri comuni con la fauna selvatica variano a seconda della regione e dell'ambiente in cui ti trovi. Nelle foreste potresti incontrare animali come cervi, orsi, serpenti e vari piccoli mammiferi. I deserti potrebbero portare incontri con serpenti, scorpioni e lucertole. Nelle zone montuose potresti vedere capre di montagna, puma o aquile. Le zone umide ospitano alligatori, uccelli acquatici e vari anfibi, mentre le aree costiere potrebbero ospitare foche, uccelli marini e persino squali. Ognuno di questi animali ha i propri comportamenti e potenziali rischi, quindi comprendere le loro abitudini e i loro habitat è fondamentale.

Uno dei principi più importanti per la sicurezza della fauna selvatica è mantenere una distanza rispettosa dagli animali. Ciò riduce al minimo le possibilità di spaventarli o di provocare una risposta aggressiva. La maggior parte degli animali non attaccherà a meno che non si sentano minacciati o messi alle strette. Durante le escursioni o il campeggio, fai periodicamente rumore per avvisare la fauna selvatica della tua presenza. Ciò è particolarmente importante nelle aree in cui sono comuni gli orsi o altri animali di grandi dimensioni. Parlare, battere le mani o cantare può aiutare a evitare di sorprendere un animale a distanza ravvicinata.

Conservare correttamente il cibo è un altro aspetto fondamentale per evitare pericolosi incontri con la fauna selvatica. Molti animali, soprattutto gli orsi, sono attratti dagli odori del cibo. Nel paese degli orsi, usa contenitori a prova di orso o appendi il cibo in alto su un albero lontano dal tuo campeggio. Pulisci accuratamente dopo i pasti ed evita di cucinare o mangiare vicino alla zona notte. Gli stessi principi si applicano ad altri animali selvatici, poiché il cibo conservato in modo improprio può attirare procioni, roditori e altri animali.

Se incontri animali selvatici, mantieni la calma e osserva l'animale da una distanza di sicurezza. Evitare movimenti improvvisi o rumori forti che potrebbero spaventare l'animale. Se l'animale non ti ha notato, indietreggia lentamente e in silenzio. Se l'animale si accorge della tua presenza, dagli spazio per allontanarsi. Non avvicinarti o tentare di nutrire la fauna selvatica, poiché ciò può portare a situazioni pericolose sia per te che per l'animale.

In caso di incontro con un orso, la tua risposta dovrebbe dipendere dal tipo di orso e dalla situazione. Se incontri un orso nero, fai sembrare più grande alzando le braccia e parlando con voce ferma e calma. Indietreggia lentamente, tenendo d'occhio l'orso ma evitando il contatto visivo diretto, che può essere percepito come una minaccia. Non correre, poiché ciò potrebbe innescare una risposta di inseguimento. Se l'orso si avvicina, mantieni la tua posizione e continua a parlare con fermezza. Usa lo spray per orsi se l'orso si avvicina troppo. Per gli orsi grizzly, mantieni la calma e non stabilire un contatto visivo diretto. Indietreggia lentamente e parla a bassa voce. Se un orso grizzly carica, fingi di essere morto sdraiandoti a pancia in giù con le mani dietro il collo, proteggendo la testa e gli organi vitali. Rimani fermo finché l'orso non lascia l'area.

Gli incontri con i serpenti sono comuni in molti ambienti, in particolare nelle foreste, nei deserti e nelle zone umide. La maggior parte dei serpenti non sono aggressivi ed eviteranno gli umani se ne avranno la possibilità. Se vedi un serpente, fermati e osserva il suo comportamento. Se il serpente è arrotolato o sembra pronto a colpire, indietreggia lentamente. Non tentare di maneggiare o provocare il serpente. Quando fai escursioni in aree soggette a serpenti, indossa pantaloni lunghi e stivali per proteggere gambe e piedi e fai attenzione a dove metti i piedi o metti le mani. Evitare di camminare nell'erba alta o nel sottobosco dove potrebbero nascondersi i serpenti.

Gli incontri con grandi predatori come puma o leoni di montagna sono rari ma possono essere pericolosi. Se vedi un puma, alzati in piedi e fatti sembrare più grande alzando le braccia o aprendo la giacca. Parla ad alta voce e con fermezza e indietreggia lentamente. Non scappare, poiché ciò potrebbe innescare una risposta predatoria. Se il puma agisce in modo aggressivo o attacca, reagisci usando tutti gli oggetti disponibili per difenderti. I puma possono essere scoraggiati da azioni aggressive e rumori forti.

Anche i mammiferi più piccoli come i procioni, le puzzole e i roditori possono rappresentare un rischio, in particolare nei campeggi. Questi animali sono spesso attratti dal cibo e possono portare malattie. Conserva gli alimenti in modo sicuro e mantieni pulito il tuo campeggio per evitare di attirarli. Se incontri un procione o una puzzola, dagli spazio per allontanarsi ed evita di metterlo all'angolo. Questi animali possono diventare aggressivi se si sentono minacciati.

Nelle zone costiere, gli incontri con la fauna marina possono essere sia emozionanti che pericolosi. Gli squali, ad esempio, sono rari ma possono essere pericolosi. Se nuoti o fai surf, rimani in gruppo ed evita di indossare gioielli lucenti o abiti dai colori vivaci che possono attirare gli squali. Se vedi uno squalo, mantieni la calma e spostati lentamente verso la riva senza fare movimenti bruschi. Foche e leoni marini, sebbene generalmente non aggressivi, possono mordere se provocati o minacciati. Mantenete una distanza rispettosa e non tentate di dar loro da mangiare o di toccarli.

Alligatori e coccodrilli sono comuni nelle zone umide e nelle regioni costiere. Questi rettili possono essere pericolosi se avvicinati o provocati. Rimani ad almeno 20 piedi di distanza dal bordo dell'acqua nelle aree note per la presenza di alligatori o coccodrilli. Se ne vedi uno, indietreggia lentamente ed evita di fare movimenti bruschi. Non nuotare o guadare nelle acque in cui sono presenti questi animali, soprattutto durante la stagione riproduttiva quando sono più territoriali.

Anche gli incontri con insetti, come zanzare, zecche e api, sono comuni nelle zone selvagge. Le zanzare possono trasportare malattie come il virus del Nilo occidentale e la malaria, quindi usa un repellente per insetti e indossa maniche e pantaloni lunghi per ridurre l'esposizione. Le zecche possono trasmettere la malattia di Lyme e altre infezioni, quindi esegui controlli regolari e rimuovile tempestivamente utilizzando una pinzetta. Se sei allergico alle punture di api o vespe, porta con te un iniettore di epinefrina ed evita di indossare prodotti profumati che possono attirare questi insetti.

Essere preparati e informati sulla sicurezza della fauna selvatica può migliorare notevolmente la tua esperienza all'aria aperta e ridurre i rischi. Portare con sé oggetti essenziali come spray per orsi, repellente per insetti e un kit di pronto soccorso può aiutarti a rispondere in modo efficace agli incontri con la fauna selvatica. Informarti sugli animali specifici e sui pericoli presenti nell'area che stai esplorando ti consente di adottare misure proattive e goderti la natura selvaggia con sicurezza.

In definitiva, il rispetto della fauna selvatica e dei loro habitat è la chiave per un'avventura all'aria aperta sicura e divertente. Osservando gli animali a distanza, assicurandoti il cibo e adottando le precauzioni appropriate, puoi ridurre al minimo i rischi e apprezzare la bellezza e la diversità del mondo naturale. Che tu stia facendo un'escursione in una foresta, campeggiando in montagna, esplorando un deserto o godendoti una zona costiera, comprendere e praticare la consapevolezza e la sicurezza della fauna selvatica garantisce un'esperienza armoniosa e memorabile nella natura selvaggia.

CAPITOLO 2

Attrezzi e strumenti essenziali

Strumenti di base per Bushcraft

Quando si intraprende un'avventura nel bushcraft, avere gli strumenti giusti è essenziale per la sopravvivenza, la sicurezza e l'efficienza. Gli strumenti fondamentali per il bushcraft includono un coltello, un'ascia, una sciabola, una scavatrice, un martello e una sega. Ciascuno di questi strumenti ha uno scopo unico e comprenderne gli usi e i tipi può migliorare significativamente le tue abilità nella natura selvaggia.

Il coltello è probabilmente lo strumento più importante nel bushcraft. È versatile e indispensabile per una vasta gamma di compiti. I coltelli Bushcraft hanno tipicamente una lama fissa, che fornisce maggiore resistenza e affidabilità rispetto ai coltelli pieghevoli. La lunghezza della lama varia solitamente da 4 a 6 pollici, consentendo precisione e controllo. Un buon coltello da bushcraft viene utilizzato per intagliare, tagliare, preparare il cibo, realizzare bastoncini di fuoco e costruire rifugi. Le lame in acciaio ad alto tenore di carbonio sono preferite per la loro durata e facilità di affilatura, sebbene le lame in acciaio inossidabile resistano meglio alla corrosione in condizioni di bagnato.

Un'ascia è un altro strumento cruciale, in particolare per le attività che comportano il taglio e la spaccatura della legna. Le asce sono disponibili in varie dimensioni, dalle grandi asce da abbattimento alle accette più piccole. Un'ascia di dimensioni normali è ideale per abbattere alberi e spaccare tronchi di grandi dimensioni, mentre un'accetta è più adatta per compiti più leggeri come tagliare la legna da ardere e intagliare il legno. La lunghezza del manico di un'ascia ne influenza la potenza e il controllo. Le maniglie più lunghe forniscono una maggiore leva per oscillazioni potenti, mentre le maniglie più corte offrono una maggiore manovrabilità. Un'ascia ben mantenuta con una lama affilata può lavorare in un batter d'occhio anche il legno più duro, rendendola preziosa per costruire rifugi e creare legna da ardere.

La sciabola, spesso associata all'uso marittimo, è utile anche nel bushcraft, soprattutto in ambienti forestali fitti. Ha una lama ampia e curva, eccellente per eliminare cespugli e vegetazione. La sciabola è particolarmente efficace per tagliare il fitto sottobosco e i piccoli alberi, rendendola uno strumento prezioso per creare percorsi liberi e raccogliere materiali per i rifugi. Il suo design consente colpi di taglio potenti e può essere utilizzato anche per compiti di scavo leggeri e come machete improvvisato.

Uno scavatore, come una pala pieghevole o uno strumento da trinceramento, è essenziale per vari compiti che richiedono lo scavo. Questi strumenti sono compatti e portatili, il che li rende facili da trasportare nello zaino. Una scavatrice viene utilizzata per creare pozzi del fuoco, scavare latrine e persino costruire rifugi. In condizioni invernali, può essere utilizzato per scavare rifugi nella neve. La versatilità di una scavatrice lo rende uno strumento indispensabile per gestire il terreno e creare le infrastrutture necessarie nella natura selvaggia.

Un martello è un altro strumento vitale per il bushcraft, in particolare quando si tratta di costruire e costruire rifugi. Mentre un tradizionale martello da carpentiere può essere utile, molti bushcrafter preferiscono uno strumento multiuso come un maglio da campeggio o un martello con un'accetta su un lato e una testa di martello sull'altro. Un martello viene utilizzato per piantare pali nel terreno per fissare tende e teloni, nonché per assemblare strutture realizzate con tronchi e rami. La capacità di piantare efficacemente chiodi o pali può migliorare notevolmente la stabilità e la durata del tuo rifugio.

Le seghe sono indispensabili per tagliare il legno con precisione ed efficienza. Esistono diversi tipi di seghe utilizzate nel bushcraft, comprese le seghe pieghevoli, le seghe ad arco e le seghe a filo. Le seghe pieghevoli sono compatte e facili da trasportare, il che le rende ideali per tagliare rami di piccole e medie dimensioni. Le seghe ad arco, con il telaio e la lama più grandi, sono adatte per tagliare tronchi e alberi di grandi dimensioni. Le seghe a filo sono leggere e portatili, utilizzate come strumento di riserva per tagliare il legno quando lo spazio e il peso sono considerazioni critiche. Ogni tipo di sega ha i suoi vantaggi e la scelta di quella giusta dipende dai compiti specifici che prevedi.

La combinazione di questi strumenti fornisce una serie completa di funzionalità per varie attività di bushcraft. Ad esempio, quando si costruisce un rifugio, il coltello viene utilizzato per intagliare tacche ed eseguire tagli precisi, mentre l'ascia si occupa di tagliare e spaccare pesantemente. La sciabola ripulisce l'area da cespugli e piccoli alberi, lo scavatore prepara il terreno, il martello pianta pali e chiodi e la sega taglia i tronchi alla lunghezza desiderata. Ciascuno strumento integra gli altri, consentendo il completamento efficiente ed efficace delle attività.

Una corretta manutenzione e cura dei vostri strumenti sono essenziali per garantirne la longevità e le prestazioni. Mantenere le lame affilate è fondamentale per la sicurezza e l'efficacia. Gli strumenti smussati richiedono più forza per essere utilizzati e possono scivolare, aumentando il rischio di lesioni. Pulire e oliare regolarmente le lame aiuta a prevenire la ruggine e la corrosione, soprattutto per l'acciaio ad alto tenore di carbonio. Le maniglie devono essere controllate per individuare eventuali crepe o schegge e qualsiasi danno deve essere riparato tempestivamente per mantenere l'integrità dello strumento.

Oltre a questi strumenti principali, ci sono vari accessori e articoli supplementari che possono migliorare il tuo kit di strumenti bushcraft. Le pietre per affilare, ad esempio, sono necessarie per mantenere i bordi affilati delle lame. Una robusta guaina o custodia protegge i tuoi strumenti durante il trasporto e garantisce che siano facilmente accessibili quando necessario. Anche i multiutensili, che combinano diverse funzioni in un unico dispositivo compatto, possono essere preziosi, fornendo funzionalità aggiuntive come pinze, cacciaviti e apriscatole.

Capire come utilizzare ogni strumento in modo efficace e sicuro è importante quanto avere l'attrezzatura giusta. Una formazione e una pratica adeguate possono aiutarti a sviluppare le competenze necessarie per gestire questi strumenti con sicurezza. Seguire sempre le linee guida di sicurezza, come indossare guanti e protezioni per gli occhi quando si utilizzano asce e seghe e mantenere una distanza di sicurezza dagli altri quando si oscilla o si taglia.

Un kit completo di strumenti per il bushcraft composto da coltello, ascia, sciabola, scavatrice, martello e sega ti consente di gestire una vasta gamma di compiti nella natura selvaggia. Ciascuno strumento ha funzioni e vantaggi specifici e insieme forniscono la versatilità e la capacità necessarie per la sopravvivenza e l'autosufficienza. Scegliendo strumenti di alta qualità, mantenendoli correttamente e praticandone l'uso, puoi migliorare le tue abilità nel bushcraft e goderti un'esperienza all'aperto più sicura ed efficiente. Che tu stia costruendo un rifugio, preparando legna da ardere o esplorando una fitta vegetazione, questi strumenti essenziali sono i tuoi compagni affidabili nella natura selvaggia.

Attrezzatura essenziale

Quando ci si avventura nella natura selvaggia, avere l'attrezzatura giusta per ripararsi, dormire e vestirsi è fondamentale per il comfort, la sicurezza e la sopravvivenza. Comprendere i vari tipi di rifugi, sistemi per dormire e indumenti adeguati ai diversi ambienti può migliorare notevolmente la tua esperienza all'aria aperta.

Il riparo è uno degli aspetti più critici della sopravvivenza nella natura selvaggia. Ti protegge dagli elementi, tra cui pioggia, vento, freddo e caldo. Esistono diversi tipi di rifugi da considerare, ognuno con i suoi vantaggi a seconda dell'ambiente e della situazione. La tenda è il rifugio più comune e versatile. Fornisce uno spazio sicuro e chiuso che protegge dagli insetti e dalle intemperie. Le tende sono disponibili in varie dimensioni e design, dalle tende leggere per backpacking alle tende familiari più grandi. Quando scegli una tenda, considera le condizioni atmosferiche che dovrai affrontare, come la necessità di impermeabilizzazione nelle zone piovose o di ventilazione nei climi caldi. Installare correttamente la tenda, fissarla con picchetti e utilizzare un parapioggia può garantire che rimanga stabile e asciutta.

I teloni sono un'altra opzione versatile per ripararsi. Sono leggeri, facili da imballare e possono essere installati in varie configurazioni. Un telo può essere montato come tettoia, struttura ad A o tetto piano, a seconda della situazione e delle risorse disponibili. I teloni offrono una buona protezione dalla pioggia e dal sole, ma richiedono una certa abilità e conoscenza per essere installati in modo efficace. Usando corde, picchetti e supporti naturali come gli alberi, puoi creare un rifugio robusto e confortevole. I teloni sono particolarmente utili per viaggi brevi o come supporto di emergenza.

Per coloro che cercano un'esperienza più tradizionale e coinvolgente, un'opzione è costruire un rifugio naturale utilizzando materiali presenti nell'ambiente. Ciò potrebbe includere la costruzione di una capanna di detriti, di una tettoia o di una grotta di neve. Costruire un rifugio naturale richiede più tempo e impegno, ma può essere gratificante ed efficace. Raccogliere rami, foglie e altri materiali naturali per creare isolamento e struttura aiuta a mantenere calore e protezione. Questo tipo di rifugio è particolarmente utile in situazioni di sopravvivenza in cui non è possibile trasportare l'attrezzatura.

Un buon sistema per dormire è essenziale per un sonno confortevole nella natura selvaggia. I sistemi per dormire includono tipicamente un sacco a pelo, un materassino e talvolta un sacco da bivacco. I sacchi a pelo sono disponibili in varie forme, dimensioni e temperature. Scegli un sacco a pelo che corrisponda alle condizioni meteorologiche previste. I sacchi a pelo a forma di mummia offrono il massimo calore ed efficienza, mentre i sacchi rettangolari offrono più spazio e comfort. I sacchi a pelo imbottiti sono leggeri e comprimibili ma perdono isolamento quando sono bagnati. I sacchi a pelo con imbottitura sintetica trattengono il calore anche quando sono umidi e sono generalmente più convenienti.

I materassini forniscono isolamento e ammortizzazione tra te e il terreno. Sono disponibili in diversi tipi, inclusi cuscinetti in schiuma, cuscinetti gonfiabili e cuscinetti autogonfiabili. I cuscinetti in schiuma sono resistenti e leggeri ma possono essere ingombranti. I cuscinetti gonfiabili offrono maggiore comfort e sono piccoli, ma richiedono un'attenta manipolazione per evitare forature. I cuscinetti autogonfiabili combinano i vantaggi di entrambi, fornendo un buon isolamento e facilità d'uso. Un buon materassino previene la dispersione del calore al suolo e fornisce una superficie per dormire più confortevole, contribuendo a un riposo migliore.

Negli ambienti più freddi, un sacco da bivacco può aggiungere un ulteriore livello di protezione e calore. È una copertura leggera e impermeabile che si applica sopra il sacco a pelo, fornendo ulteriore isolamento e protezione dagli elementi. I sacchi da bivacco sono particolarmente utili in situazioni di emergenza o per i backpacker minimalisti che desiderano ridurre il peso.

L'abbigliamento è un altro componente essenziale dell'attrezzatura bushcraft, poiché fornisce protezione dagli elementi e aiuta a regolare la temperatura corporea. La stratificazione è la chiave per sentirsi a proprio agio in varie condizioni atmosferiche. Lo strato di base, indossato a contatto con la pelle, dovrebbe assorbire l'umidità per tenere il sudore lontano dal corpo. Materiali come lana merino e tessuti sintetici sono scelte eccellenti. Lo strato intermedio fornisce isolamento e trattiene il calore corporeo. Pile, piumini o giacche sintetiche sono opzioni comuni. Lo strato esterno, noto anche come guscio, protegge da vento, pioggia e neve. I materiali impermeabili e traspiranti come Gore-Tex sono ideali per gli strati esterni.

In ambienti freddi sono necessari strati e accessori aggiuntivi. Un cappello caldo, guanti e calzini termici aiutano a mantenere il calore corporeo. Giacche e pantaloni isolanti forniscono calore extra. Negli ambienti caldi, indumenti leggeri e traspiranti sono essenziali per rimanere freschi e proteggersi dall'esposizione al sole. Maniche lunghe e pantaloni realizzati con tessuti leggeri possono prevenire scottature e punture di insetti consentendo al tempo stesso il flusso d'aria.

Le calzature sono una parte fondamentale del tuo sistema di abbigliamento. La scelta degli stivali o delle scarpe giuste dipende dal terreno e dalle condizioni meteorologiche. Gli scarponi da trekking robusti forniscono supporto e protezione alla caviglia su terreni accidentati, mentre le scarpe da trail leggere sono adatte per sentieri meno impegnativi. Le calzature impermeabili sono importanti in condizioni di bagnato e le scarpe traspiranti sono migliori per i climi caldi e secchi. Calzature adatte prevengono vesciche e lesioni, garantendoti la possibilità di muoverti comodamente e in sicurezza.

Anche accessori come cappelli, occhiali da sole e ghette possono migliorare il tuo comfort e la tua sicurezza. Un cappello a tesa larga fornisce protezione solare e tiene lontana la pioggia dal viso. Gli occhiali da sole proteggono gli occhi dai raggi UV e dall'abbagliamento, soprattutto in ambienti innevati o desertici. Le ghette tengono lontani detriti, neve e acqua dagli stivali, mantenendo i piedi asciutti e comodi.

Oltre ai vestiti, avere un mezzo affidabile per accendere il fuoco è essenziale per riscaldarsi, cucinare e segnalare. Portare fiammiferi impermeabili, un accendino e un accendifuoco come trucioli di magnesio o una bacchetta di ferrocerio ti assicura di poter accendere un fuoco in varie condizioni. Imparare le tecniche di incendio, come raccogliere esca secca, legna da ardere e combustibile e creare una struttura antincendio adeguata, è fondamentale per accendere un fuoco con successo.

La purificazione dell'acqua è un altro aspetto critico dell'attrezzatura bushcraft. Portare con sé un filtro per l'acqua, compresse per la purificazione o un depuratore d'acqua portatile ti garantisce l'accesso all'acqua potabile sicura. Capire come individuare e purificare le fonti d'acqua, come ruscelli, fiumi e laghi, è vitale per l'idratazione e la salute.

Strumenti di navigazione come una mappa, una bussola e un dispositivo GPS ti aiutano a rimanere orientato e a trovare la strada nella natura selvaggia. L'apprendimento delle competenze di navigazione di base, come la lettura delle mappe topografiche e l'uso di una bussola, migliora la tua capacità di esplorare e rimanere al sicuro.

Avere l'attrezzatura giusta per ripararsi, dormire e vestirsi ti assicura di essere preparato per le sfide della natura selvaggia. Comprendere come utilizzare e mantenere la tua attrezzatura, scegliere oggetti adatti all'ambiente e mettere in pratica le abilità essenziali può migliorare significativamente la tua esperienza nel bushcraft. Che tu stia facendo un breve viaggio in campeggio o una spedizione di sopravvivenza più lunga, essere ben equipaggiato e informato migliora la tua sicurezza, il comfort e il divertimento dei grandi spazi aperti.

Aiuti alla navigazione

Navigare nella natura selvaggia richiede strumenti e competenze affidabili per garantire che tu possa trovare la tua strada e rimanere al sicuro. Mappe, bussole e dispositivi GPS sono ausili di navigazione essenziali che ti aiutano a comprendere l'ambiente circostante, pianificare il percorso ed evitare di perderti. Ogni strumento ha i suoi punti di forza e i suoi limiti e sapere come utilizzarli in modo efficace può fare una differenza significativa nella tua esperienza all'aperto.

Le mappe sono fondamentali per la navigazione, poiché forniscono una rappresentazione dettagliata del terreno. Le mappe topografiche sono particolarmente utili nelle zone selvagge poiché mostrano i contorni, le altitudini e le caratteristiche naturali del paesaggio come fiumi, laghi e foreste. Queste mappe includono anche elementi creati dall'uomo come sentieri, strade e punti di riferimento. Per utilizzare una mappa topografica, è necessario comprendere i simboli e la scala. Le curve di livello indicano cambiamenti di quota; le linee vicine tra loro rappresentano terreno ripido, mentre le linee più distanti mostrano pendii dolci. Riconoscere queste caratteristiche ti aiuta a visualizzare il paesaggio e a pianificare il tuo percorso di conseguenza.

Leggere una mappa implica orientarla in modo che corrisponda alla direzione effettiva verso cui si è rivolti. Per fare ciò, tieni la mappa piatta e girala in modo che la parte superiore della mappa (solitamente il nord) sia allineata con il nord nel mondo reale. L'utilizzo di punti di riferimento come montagne, fiumi o elementi distintivi può aiutarti a confermare la tua posizione sulla mappa. Quando pianifichi un percorso, considera il terreno e le tue capacità fisiche. Optare per percorsi che evitino salite ripide o zone pericolose, se possibile. Contrassegnare il percorso previsto sulla mappa prima di partire ti aiuta a rimanere sulla strada giusta e fornisce un riferimento se è necessario apportare modifiche.

Una bussola è uno strumento vitale che integra una mappa. Mostra la direzione relativa ai poli magnetici della Terra, aiutandoti a navigare con precisione. Una bussola standard ha un ago rotante che punta a nord e una lunetta girevole contrassegnata da gradi. Per utilizzare una bussola con una mappa, inizia posizionando la mappa su una superficie piana. Allinea il bordo della bussola con il percorso desiderato sulla mappa. Ruota la lunetta finché le linee di orientamento non corrispondono alle linee della griglia nord-sud sulla mappa. Quindi, tieni la bussola piatta e gira il corpo finché l'ago non si allinea con la freccia di orientamento. La freccia della direzione del viaggio sulla bussola ora punta verso la tua destinazione.

L'utilizzo di una bussola per la navigazione implica diverse tecniche, come la rilevazione dell'orientamento e il rispetto degli azimut. Un rilevamento è una direzione dalla posizione corrente a un punto specifico. Per rilevare la direzione, mirare il bersaglio attraverso il dispositivo di mira della bussola e leggere l'indicazione dei gradi sulla lunetta. Segui questo orientamento mantenendo l'ago allineato con la freccia di orientamento mentre cammini. Un azimut è un angolo orizzontale misurato in senso orario da una linea di base nord. È utile per navigare su lunghe distanze e su terreni diversi. Imparare queste tecniche e praticarle in un'area familiare crea sicurezza e competenza nell'uso della bussola.

I dispositivi GPS hanno rivoluzionato la navigazione nella natura selvaggia fornendo dati precisi sulla posizione e funzionalità di pianificazione del percorso. Un dispositivo GPS (Global Positioning System) utilizza i segnali dei satelliti per determinare la tua posizione esatta sulla superficie terrestre. Le moderne unità GPS sono dotate di mappe dettagliate, tracciamento del percorso e funzionalità di marcatura dei waypoint. Per utilizzare un dispositivo GPS, inizia familiarizzando con la sua interfaccia e le sue funzioni. Inserisci la destinazione o i punti di passaggio prima di iniziare il viaggio. Il dispositivo calcolerà il percorso migliore e ti guiderà con indicazioni passo passo.

Sebbene i dispositivi GPS siano incredibilmente utili, non sono infallibili. La durata della batteria è una considerazione fondamentale; portare sempre con sé batterie di riserva o un caricabatterie portatile. Inoltre, i segnali GPS possono essere ostacolati da fitte foreste, canyon profondi o una fitta copertura nuvolosa, con conseguente perdita temporanea del segnale. Per questi motivi è essenziale portare con sé una mappa e una bussola come strumenti di backup. Comprendere come utilizzare tutti e tre gli aiuti alla navigazione ti garantisce di poter navigare in modo efficace, anche se uno strumento fallisce.

La combinazione di mappe, bussole e dispositivi GPS fornisce un approccio completo alla navigazione. Quando inizi un viaggio, utilizza la mappa e la bussola per pianificare il percorso, contrassegnando i punti chiave e i potenziali pericoli. Mentre viaggi, utilizza il dispositivo GPS per monitorare i tuoi progressi e apportare modifiche in tempo reale. Controlla periodicamente la mappa e la bussola per confermare la tua posizione e direzione. Questo approccio multi-strumento aumenta la precisione e riduce il rischio di perdersi.

La navigazione nella natura selvaggia implica anche la consapevolezza della situazione e la capacità di leggere l'ambiente. Punti di riferimento come formazioni rocciose distintive, grandi alberi o caratteristiche uniche del terreno ti aiutano a orientarti. Presta attenzione ai segni naturali come la posizione del sole, il flusso dei fiumi e le direzioni prevalenti del vento, che possono aiutare nella navigazione. Su terreni sconosciuti o complessi, prendere appunti regolarmente e disegnare mappe semplici può aiutarti a ricordare i dettagli chiave e a tornare sui tuoi passi, se necessario.

Praticare le abilità di navigazione è essenziale per la competenza. Inizia utilizzando gli strumenti di navigazione in un'area familiare per acquisire sicurezza. Mettiti alla prova gradualmente con terreni più complessi e distanze più lunghe. Unisciti ai club all'aperto o segui corsi di navigazione per imparare da navigatori esperti e ottenere consigli pratici. La pratica regolare ti assicura di essere pronto a navigare efficacemente in qualsiasi situazione selvaggia.

La sicurezza è una considerazione fondamentale nella navigazione. Informa sempre qualcuno del percorso pianificato e dell'orario di ritorno previsto. Porta con te un fischietto, uno specchio o un altro dispositivo di segnalazione nel caso avessi bisogno di chiedere aiuto. Nelle aree remote, considera di portare con te un telefono satellitare o un localizzatore personale per le comunicazioni di emergenza. Comprendere i principi della navigazione nella natura selvaggia e disporre di strumenti affidabili aumenta la sicurezza e il divertimento delle avventure all'aria aperta.

Mappe, bussole e dispositivi GPS sono aiuti indispensabili alla navigazione nella natura selvaggia. Le mappe forniscono una vista dettagliata del terreno, aiutandoti a pianificare e visualizzare il tuo percorso. Le bussole offrono una guida direzionale affidabile, integrando le informazioni della mappa. I dispositivi GPS aggiungono precisione e comodità, tracciando la tua posizione e guidando il tuo viaggio. Padroneggiare l'uso di questi strumenti e combinarli con la consapevolezza della situazione garantisce una navigazione efficace, migliora la sicurezza e arricchisce la tua esperienza nella natura selvaggia. Che tu stia percorrendo un sentiero ben segnalato o esplorando un territorio inesplorato, questi ausili alla navigazione sono i tuoi compagni fidati nei grandi spazi aperti.

CAPITOLO 3

Vigili del fuoco

Principi di accensione del fuoco

Accendere il fuoco è una delle abilità più essenziali nel bushcraft, poiché fornisce calore, consente di cucinare e può segnalare aiuto. Esistono vari metodi per accendere un fuoco, ognuno con i suoi principi e le sue tecniche. Capire come accendere un fuoco utilizzando l'attrito, le scintille e l'energia solare può migliorare notevolmente la tua capacità di prosperare nella natura selvaggia.

I metodi di accensione del fuoco basati sull'attrito prevedono la generazione di calore attraverso il rapido sfregamento di due oggetti fino a produrre una brace. Una delle tecniche più tradizionali e diffuse è il metodo del bow drill. Per usare un trapano ad arco, hai bisogno di un mandrino (un bastone dritto), una tavola per il fuoco (un pezzo di legno piatto con una tacca), un arco (un bastone ricurvo con una corda) e una presa (una maniglia su cui premere il mandrino). Il fuso viene posizionato nella tacca sul focolare e la corda dell'arco viene avvolta attorno al fuso. Muovendo l'arco avanti e indietro, il fuso gira rapidamente contro il fireboard, creando attrito. Questo attrito genera calore e alla fine forma una piccola brace nella tacca del pannello focolare. La brace viene quindi trasferita con cura in un fascio di esca, sul quale viene soffiato delicatamente fino a quando non si accende una fiamma.

Un altro metodo di attrito è la tecnica del trapano a mano, che è più semplice in termini di attrezzatura ma richiede maggiore sforzo fisico e abilità. Nel metodo del trapano a mano, un mandrino dritto viene fatto girare tra i palmi delle mani, premuto contro un pannello refrattario. Muovendo rapidamente le mani avanti e indietro, crei attrito tra il fuso e la piastra del fuoco, generando calore per produrre una brace. Questo metodo richiede molta pratica e resistenza, poiché mantenere una pressione e una velocità costanti è impegnativo.

L'aratro antincendio è un metodo di attrito meno comune ma è comunque efficace. Si tratta di spingere avanti e indietro un bastone di legno (l'aratro) lungo una scanalatura scavata nel pannello refrattario. Il movimento ripetuto genera attrito, creando calore e producendo una brace. La brace viene quindi trasferita sull'esca per accendere un fuoco. Questo metodo richiede molto impegno e viene generalmente utilizzato con legni più morbidi per aumentare le probabilità di successo.

Le tecniche di accensione del fuoco basate sulla scintilla prevedono la creazione di una scintilla per accendere l'esca. Lo strumento più comune per questo metodo è una barra di ferrocerio, spesso chiamata barra di ferro. Una barra di ferro è una barra metallica costituita da un materiale che produce scintille calde se raschiato con un oggetto duro, solitamente un percussore di metallo o il dorso di un coltello. Per utilizzare un'asta di ferro, tenerla saldamente in una mano e il percussore nell'altra. Posiziona l'attaccante contro l'asta con un angolo di 45 gradi e raschialo lungo l'asta con forza. Le scintille risultanti dovrebbero atterrare su un fascio di esca preparato, accendendolo in una fiamma. Le barre di ferro sono popolari perché sono affidabili, anche in condizioni di bagnato, e possono produrre migliaia di scintille nel corso della loro vita.

Un altro strumento a scintilla è la selce e l'acciaio. Questo metodo tradizionale consiste nel colpire un pezzo di acciaio (il percussore) contro una pietra dura (la selce) per produrre scintille. Le scintille vengono dirette su un pezzo di stoffa carbonizzata o altro esca fine, che poi si accende. La selce e l'acciaio richiedono pratica per essere padroneggiati, ma sono strumenti affidabili e durevoli per accendere il fuoco.

Gli accendifuoco al magnesio combinano scintilla ed esca in un unico strumento. Solitamente sono costituiti da un blocco di magnesio con una piccola barra di ferro incorporata. Per utilizzare un accendifuoco al magnesio, raschia i trucioli dal blocco di magnesio sull'esca. Una volta ottenuto un mucchietto di trucioli, utilizzate la bacchetta di ferro per creare scintille, accendendo il magnesio e, di conseguenza, l'esca. Il magnesio brucia a temperature molto elevate, rendendolo efficace per accendere incendi anche in condizioni umide.

I metodi di accensione solare utilizzano l'energia del sole per accendere l'esca. Una tecnica solare comune consiste nell'utilizzare una lente d'ingrandimento o una lente convessa. Concentrando la luce solare attraverso la lente su un piccolo punto dell'esca, puoi concentrare l'energia solare per generare abbastanza calore da creare una brace. L'esca si accende quindi in una fiamma. Questo metodo funziona meglio nelle giornate soleggiate e richiede un'esca secca che prende fuoco facilmente.

Un altro metodo solare è lo specchio parabolico. Gli specchi parabolici sono parabole riflettenti che focalizzano la luce solare in un unico punto. Posiziona l'esca nel punto focale dello specchio e la luce solare concentrata la riscalderà fino all'accensione. Gli specchi parabolici sono spesso utilizzati nei fornelli solari ma possono essere adattati per l'accensione del fuoco in situazioni di sopravvivenza.

I pistoni antincendio sono un altro modo affascinante per accendere un fuoco. Usano il principio della compressione rapida per generare calore. Un pistone antincendio è costituito da un cilindro e un pistone con una piccola cavità all'estremità. Un pezzo di stoffa carbonizzata o altro esca fine viene posizionato nella cavità e il pistone viene rapidamente spinto nel cilindro. La rapida compressione dell'aria all'interno del cilindro genera calore sufficiente per accendere l'esca. Questo metodo richiede precisione e pratica ma è un modo affidabile per accendere un fuoco.

Indipendentemente dal metodo scelto, preparare l'esca e i legni giusti è fondamentale per il successo. L'esca è qualsiasi materiale che prende fuoco facilmente da una piccola scintilla o brace. Gli esca naturali più comuni includono erba secca, foglie, corteccia e fibre vegetali. Funzionano bene anche esca lavorati come panni carbonizzati, batuffoli di cotone ricoperti di vaselina e accendifuoco commerciali. L'accensione è costituita da piccoli ramoscelli e bastoncini che prendono fuoco dall'esca accesa e sostengono la fiamma fino a quando non è possibile aggiungere combustibile più grande.

Per accendere un fuoco, inizia raccogliendo esca e legna da ardere. Disporre l'esca in un fascio sciolto, assicurandosi che abbia un flusso d'aria abbondante. Una volta acceso l'esca, aggiungi gradualmente i rametti in un teepee o in una capanna di tronchi attorno alla fiamma. Man mano che la legna prende fuoco, continua ad aggiungere bastoncini e tronchi progressivamente più grandi per alimentare e sostenere il fuoco.

Padroneggiare le tecniche di accensione del fuoco è essenziale per qualsiasi bushcrafter. I metodi di attrito come il trapano ad arco, il trapano a mano e l'aratro antincendio richiedono abilità e sforzo fisico ma sono affidabili in varie condizioni. I metodi basati sulla scintilla che utilizzano barre di ferro, selce e acciaio e accendifuoco al magnesio offrono un'accensione rapida ed efficiente. I metodi solari sfruttano l'energia del sole con lenti di ingrandimento, specchi parabolici e pistoni di fuoco. Preparare l'esca e i legni giusti e capire come utilizzare ogni metodo di accensione in modo efficace ti garantirà di poter accendere un fuoco in qualsiasi situazione, fornendo calore, sicurezza e la capacità di cucinare il cibo e chiedere aiuto.

Costruire e mantenere il fuoco in varie condizioni

Costruire e mantenere un incendio in condizioni difficili, come tempo umido e ventoso, richiede preparazione e conoscenza extra. Quando l'ambiente è contro di te, avere le competenze per accendere e sostenere un incendio può essere un vero toccasana. Ecco le istruzioni complete per aiutarti ad avere successo in condizioni avverse.

Quando è bagnato, trovare materiali asciutti per accendere e mantenere un fuoco può essere difficile. Inizia cercando esca secca e legna da ardere. Cerca i materiali sotto le sporgenze, all'interno di tronchi cavi o sotto il fogliame denso. Anche in condizioni di umidità, la corteccia interna di alcuni alberi, come la betulla, può rimanere asciutta. Puoi anche cercare erba secca, aghi di pino o piccoli ramoscelli che potrebbero essere protetti dalla pioggia. Raccogli abbastanza esca per assicurarti di averne una buona quantità per accendere il fuoco. Inoltre, avere una piccola scorta di esca lavorata, come batuffoli di cotone ricoperti di vaselina o accendifuoco commerciali, può essere prezioso in condizioni di umidità.

Una volta che hai raccolto l'esca, i legnami e il combustibile, trova un posto riparato per accendere il fuoco. Cerca dei frangivento naturali, come grandi rocce, alberi o pendii, che possano proteggere il tuo fuoco dalla pioggia e dal vento. Se non è disponibile un frangivento naturale, puoi crearne uno utilizzando il tuo corpo, un telo o qualsiasi altro materiale disponibile. Rimuovi foglie bagnate, neve o detriti dal terreno e costruisci una base con materiali asciutti, come corteccia o bastoncini, per tenere l'esca lontana dal terreno umido. Questo aiuta a evitare che l'umidità penetri nell'esca e spenga il fuoco prima che inizi.

Per accendere il fuoco, utilizza un metodo di accensione affidabile come una bacchetta di ferrocerio o fiammiferi impermeabili. Dopo aver acceso l'esca, aggiungi con attenzione piccoli legni secchi per aumentare la fiamma. Sii paziente e aggiungi gradualmente i ramoscelli, lasciando che prenda fuoco prima di aggiungerne altri. Questo passaggio è fondamentale per garantire che il fuoco non venga soffocato o si spenga a causa dell'umidità. Man mano che la legna prende fuoco, aggiungere progressivamente pezzi di legna più grandi al fuoco. Se la legna da ardere è bagnata, usa un coltello per radere via lo strato esterno bagnato ed esporre il legno interno secco. Puoi anche dividere i tronchi più grandi per accedere all'interno asciutto. Posiziona la legna bagnata vicino al fuoco per aiutarla ad asciugarla prima di aggiungerla alle fiamme.

In condizioni ventose, il vento può estinguere rapidamente il fuoco o provocarne la diffusione incontrollabile. Accendere il fuoco in un luogo riparato è essenziale per proteggerlo dalle forti raffiche. I frangivento naturali, come grandi rocce, alberi o pendii, possono aiutare a bloccare il vento e creare un ambiente più stabile per il fuoco. Se non è disponibile un frangivento naturale, puoi costruire una barriera utilizzando rocce, tronchi o un telo per proteggere il fuoco dal vento.

Quando accendi il fuoco, disponi l'esca, la legna e il combustibile in modo da consentire un buon flusso d'aria ma impedire al vento di spegnere le fiamme. Una struttura in teepee o in una capanna di tronchi funziona bene, poiché forniscono stabilità e protezione dal vento. Accendi l'esca sul lato sopravvento della struttura antincendio in modo che il vento soffi le fiamme nella legna da ardere, aiutandola a prendere fuoco. Fai attenzione alla direzione del vento e regola il posizionamento della tua struttura antincendio secondo necessità per mantenere il controllo sulle fiamme.

Una volta stabilito il fuoco, mantenerlo in condizioni di vento richiede vigilanza. Tieni d'occhio il fuoco per assicurarti che non si diffonda in aree non previste. Tieni una scorta extra di carburante e legna da ardere nelle vicinanze per alimentare il fuoco secondo necessità. Se il vento è forte, potrebbe essere necessario aggiungere periodicamente pezzi di legna più piccoli per mantenere l'intensità del fuoco. Controllare regolarmente l'area circostante per verificare la presenza di braci trasportate dal vento e spegnerle tempestivamente per evitare incendi accidentali.

In condizioni di neve o ghiaccio, accendere e mantenere un incendio può essere particolarmente impegnativo. Inizia rimuovendo neve e ghiaccio dal terreno per creare una base stabile e asciutta per il tuo fuoco. Costruisci una piattaforma utilizzando materiali secchi, come corteccia, bastoncini o rocce, per sollevare l'esca e accendere il terreno freddo e umido. Questo aiuta a isolare il fuoco dalla neve e impedisce che venga spento dallo scioglimento del ghiaccio.

Raccogli esca secca e legna da ardere da aree riparate o usa esca lavorata per assicurarti di avere abbastanza materiale secco per accendere il fuoco. Cerca i rami morti ancora attaccati agli alberi, poiché hanno meno probabilità di bagnarsi a causa del contatto con la neve. Se non riesci a trovare legno secco, usa un coltello per radere via lo strato esterno bagnato dei bastoncini ed esporre il legno interno secco.

Quando accendi il fuoco in condizioni di neve, utilizza un metodo di accensione affidabile come una bacchetta di ferrocerio, fiammiferi impermeabili o un accendino. Accendi l'esca e aggiungi con attenzione piccoli legni secchi per aumentare la fiamma. Sii paziente e lascia che la legna prenda fuoco prima di aggiungerne altra. Una volta stabilito il fuoco, aggiungi pezzi di legna più grandi per mantenerlo acceso. In condizioni di neve, è fondamentale mantenere una fornitura costante di legna secca. Metti la legna bagnata vicino al fuoco per aiutarla ad asciugarla prima di aggiungerla alle fiamme.

Per mantenere il fuoco in condizioni di neve o ghiaccio, controllare regolarmente l'area circostante per verificare l'eventuale scioglimento di neve o ghiaccio che potrebbe estinguere le fiamme. Aggiungere carburante secondo necessità per mantenere il fuoco acceso in modo costante. Prestare attenzione a evitare che l'incendio si diffonda in aree non previste, poiché lo scioglimento della neve e del ghiaccio può causare il flusso d'acqua nell'area dell'incendio.

In condizioni di pioggia, mantenere acceso il fuoco richiede uno sforzo e una preparazione aggiuntivi. Inizia costruendo un rifugio per proteggere il tuo fuoco dalla pioggia. Usa un telo, un poncho o delle foglie grandi per creare una tettoia improvvisata sopra l'area dell'incendio. Assicurarsi che il rifugio consenta un flusso d'aria sufficiente per mantenere il fuoco acceso ma impedisca alla pioggia di colpire direttamente le fiamme. Se non disponi di un telo o di altri materiali per creare un riparo, cerca una copertura naturale, come fitte chiome di alberi o rocce sporgenti.

Raccogli una scorta sufficiente di esca secca, legna da ardere e combustibile prima di accendere il fuoco. Cerca materiali asciutti in aree riparate o usa un'esca lavorata. Costruisci una base con corteccia secca o bastoncini per sollevare il fuoco dal terreno bagnato. Accendi l'esca utilizzando un metodo affidabile per accendere il fuoco e aggiungi con attenzione piccoli legni secchi per aumentare la fiamma. Sii paziente e lascia che la legna prenda fuoco prima di aggiungerne altra.

Una volta stabilito il fuoco, aggiungi pezzi di legna più grandi per mantenerlo acceso. Metti la legna bagnata vicino al fuoco per aiutarla ad asciugarla prima di aggiungerla alle fiamme. Controlla regolarmente il tuo fuoco per assicurarti che non venga spento dalla pioggia o dal deflusso dell'acqua. Aggiungere carburante secondo necessità per mantenere una fiamma costante ed evitare che il fuoco si spenga.

Mantenere un incendio in condizioni difficili richiede preparazione, pazienza e vigilanza. Comprendendo come accendere e sostenere un fuoco in condizioni umide, ventose, nevose e piovose, puoi garantire calore, sicurezza e la capacità di cucinare cibo e chiedere aiuto in qualsiasi situazione selvaggia. Praticare queste abilità in vari ambienti aumenterà la tua competenza e sicurezza nell'arte del fuoco, rendendoti più preparato per qualsiasi avventura all'aria aperta.

Principi di sicurezza antincendio e di non lasciare traccia

La sicurezza antincendio e la riduzione al minimo dell'impatto ambientale sono aspetti critici del bushcraft a cui ogni appassionato di outdoor dovrebbe dare priorità. Comprendere e mettere in pratica questi principi ti garantisce di poter godere dei benefici di un falò proteggendo la natura selvaggia e prevenendo danni accidentali.

Quando si accende un incendio, la sicurezza dovrebbe sempre avere la priorità. Inizia scegliendo un luogo adatto per il tuo fuoco. Cerca un'area piana e sgombra, lontana da rami sporgenti, erba secca e altri materiali infiammabili. Idealmente, utilizzare anelli o fosse antincendio stabiliti quando disponibili, poiché queste aree sono progettate per contenere gli incendi in modo sicuro e ridurre al minimo il loro impatto sull'ambiente. Se non esiste un anello per il fuoco, crea un pozzo del fuoco scavando una buca poco profonda e circondandola con delle rocce. Questo aiuta a contenere l'incendio e ne impedisce la propagazione.

Prima di accendere il fuoco, prepara l'area rimuovendo foglie, ramoscelli o altri detriti che potrebbero prendere fuoco. Tieni a portata di mano un secchio d'acqua, una pala e un estintore o un panno umido in caso di emergenza. Questi strumenti ti aiuteranno a estinguere rapidamente l'incendio se inizia a diffondersi o diventa incontrollabile. Inoltre, controlla le normative locali e le restrizioni antincendio prima di accendere un fuoco, poiché alcune aree potrebbero avere divieti o linee guida specifiche durante la stagione secca per prevenire gli incendi.

Una volta che il fuoco è acceso, pratica una gestione sicura del fuoco. Non lasciare mai il fuoco incustodito, poiché anche una piccola folata di vento può provocarne la rapida diffusione. Mantieni il fuoco a una dimensione gestibile, non più grande del necessario per cucinare o riscaldare. Un incendio più piccolo è più facile da controllare e riduce il rischio di scintille che volano nella vegetazione circostante. Insegnare ai bambini a rispettare il fuoco e a mantenere una distanza di sicurezza per evitare incidenti.

Quando aggiungi combustibile al fuoco, usa solo legna morta e abbattuta. Evita di tagliare alberi vivi o di spezzare i rami degli alberi in piedi, poiché ciò può danneggiare l'ambiente e disturbare gli ecosistemi locali. Raccogli legna da una vasta area per evitare di esaurire le risorse in un unico punto. Usa solo quello che ti serve e conservane un po' per i futuri campeggiatori.

Spegnere correttamente il fuoco è importante tanto quanto costruirlo e mantenerlo. Per spegnere il fuoco, inizia lasciandolo ridurre in cenere. Distribuire la legna e i carboni rimanenti per accelerare il processo di raffreddamento. Versare l'acqua sul fuoco, mescolando la cenere con un bastoncino per far sì che tutte le braci siano spente. Continuare ad aggiungere acqua e mescolare fino a quando le ceneri saranno fredde al tatto. Se l'acqua non è disponibile, utilizzare terra o sabbia per soffocare il fuoco, avendo cura di mescolare e coprire bene tutte le braci. Non lasciare mai il fuoco finché non sei sicuro che sia completamente spento e che non siano rimasti punti caldi.

I principi Leave No Trace (LNT) sono essenziali per ridurre al minimo l'impatto ambientale quando si utilizza il fuoco. Questi principi incoraggiano pratiche responsabili all'aperto per proteggere le risorse naturali e preservare la natura selvaggia per le generazioni future. Quando si tratta di fuoco, le linee guida Leave No Trace sottolineano la necessità di ridurre al minimo l'impatto del fuoco.

Quando possibile, usa un fornello da campo per cucinare invece del fuoco da campo. I fornelli da campo sono più efficienti, producono meno rifiuti e non danneggiano il paesaggio. Se è necessario un incendio, utilizzare gli anelli di fuoco esistenti o costruire un piccolo tumulo su superfici resistenti come sabbia o ghiaia. Un incendio in tumulo comporta la creazione di una piattaforma di sabbia o terreno sopra un telo o un telo. Ciò impedisce al calore di danneggiare il terreno e facilita la rimozione successiva di tutte le tracce dell'incendio.

Quando si raccoglie legna da ardere, seguire il principio "raccogliere legna in modo responsabile". Raccogli piccoli bastoncini e rami dal terreno invece di tagliare la vegetazione viva. Evita di strappare la corteccia dagli alberi o di rompere i rami, poiché ciò può danneggiare l'albero e creare cicatrici antiestetiche. Utilizzando solo legno abbattuto, contribuisci a mantenere il ciclo naturale di decomposizione e ritorno dei nutrienti al suolo.

Per ridurre ulteriormente l'impatto, elimina eventuali rifiuti o avanzi di cibo dal fuoco. La combustione dei rifiuti può rilasciare sostanze chimiche dannose e lasciare residui non biodegradabili. Invece, imballare tutti i rifiuti e smaltirli correttamente. Ciò aiuta a mantenere pulita la natura selvaggia e riduce il rischio di attirare animali selvatici nel tuo campeggio.

Il rispetto della fauna selvatica è un altro aspetto cruciale dei principi Leave No Trace. Mantieni il fuoco piccolo e contenuto per evitare di disturbare gli animali. Incendi luminosi e di grandi dimensioni possono spaventare la fauna selvatica e disturbare i loro comportamenti naturali. Inoltre, evita di nutrire la fauna selvatica o di lasciare avanzi di cibo vicino al fuoco, poiché ciò può creare dipendenza dal cibo umano e portare a incontri pericolosi.

Quando togli l'accampamento, cerca di lasciare l'area come l'hai trovata o meglio. Spargi il legno inutilizzato per disperderlo naturalmente. Se hai creato un braciere o un tumulo di fuoco, smantellalo e riporta l'area al suo stato naturale. Ciò include riempire eventuali buchi, coprire le cicatrici con terra o foglie e rimuovere qualsiasi traccia dell'incendio. Non lasciando traccia, aiuti a preservare l'esperienza della natura selvaggia per i futuri campeggiatori.

Praticare la sicurezza antincendio e aderire ai principi Leave No Trace sono vitali per un bushcraft responsabile. Scegliendo luoghi sicuri per gli incendi, gestendo adeguatamente l'incendio e riducendo al minimo l'impatto ambientale, contribuisci alla conservazione delle aree naturali e garantisci che tutti possano godere della bellezza e della serenità della natura selvaggia. Ricorda, un campeggiatore responsabile è colui che rispetta la natura, usa saggiamente le risorse e lascia l'ambiente come lo ha trovato. Attraverso queste pratiche, diventi un amministratore della natura selvaggia, contribuendo a proteggerla e sostenerla per le generazioni future.

CAPITOLO 4

Edificio del rifugio

Tipi di rifugio

Costruire un rifugio è una delle abilità più importanti nel bushcraft, poiché fornisce protezione dagli elementi e un luogo dove riposare. Ambienti e situazioni diversi richiedono tipi diversi di rifugi e sapere come costruirli utilizzando materiali naturali e teloni può fare una differenza significativa nella tua esperienza all'aperto. Qui esploreremo tre tipi comuni di rifugi: tettoie, capanne per detriti e rifugi in tela cerata.

Un rifugio a una falda è uno dei rifugi più semplici ed efficaci che puoi costruire. È costituito da un tetto inclinato realizzato con materiali naturali che si appoggia ad una struttura di supporto, come un albero caduto o un colmo. Per iniziare a costruire una tettoia, trova un supporto robusto, come un grande tronco caduto o due alberi vicini tra loro. Posiziona un ramo o un palo lungo e resistente su questi supporti per creare una trave di colmo. Il colmo costituisce il bordo superiore della tettoia e fornisce il supporto principale per il tetto.

Quindi, raccogli lunghi rami o pali e appoggiali contro la trave con un angolo di 45 gradi. Questi formeranno la struttura del tuo tetto. Distanziarli uniformemente per garantire la stabilità. Una volta posizionata la struttura, coprila con rami più piccoli, foglie e altri materiali naturali per creare uno spesso strato isolante. Inizia dal basso e procedi verso l'alto, sovrapponendo i materiali per impedire il passaggio della pioggia. Questa tecnica di stratificazione aiuta a eliminare l'acqua e mantiene l'interno asciutto.

Se hai un telone, puoi migliorare la tua tettoia drappeggiandolo sulla struttura prima di aggiungere materiali naturali. Fissare il telo con pietre o picchetti per mantenerlo in posizione. Un telo migliora l'impermeabilità del rifugio e fornisce un'ulteriore protezione dal vento e dalla pioggia. Per rendere la tua tettoia più confortevole, crea una zona letto all'interno utilizzando foglie, aghi di pino o altri materiali morbidi. Questo isolamento aiuta a mantenerti caldo e lontano dal terreno freddo.

Una capanna di detriti è un altro rifugio efficace che utilizza materiali naturali per fornire un eccellente isolamento e protezione. È particolarmente utile nei climi più freddi dove stare al caldo è fondamentale. Per costruire una capanna di detriti, trova una struttura di supporto robusta, come un grande ramo di un albero o un tronco caduto. Questo fungerà da spina dorsale del tuo rifugio. Appoggia un ramo lungo e robusto contro il supporto con un angolo di 30 gradi per formare il colmo centrale.

Successivamente, raccogli una grande quantità di detriti, come foglie, aghi di pino ed erba. Questi materiali verranno utilizzati per isolare il rifugio. Inizia ammucchiando i detriti su entrambi i lati del colmo, creando un muro spesso e inclinato. Le pareti dovrebbero essere spesse almeno un metro per fornire un isolamento adeguato. Lascia un piccolo ingresso a un'estremità del rifugio, abbastanza grande da permetterti di strisciare attraverso.

Per rendere l'interno più confortevole, rivestire il pavimento con uno spesso strato di detriti. Questo crea isolamento dal terreno freddo e fornisce una superficie più morbida su cui dormire. Una volta dentro, puoi spostare più detriti sull'ingresso per sigillarlo e trattenere il calore. Il design compatto di una capanna di detriti aiuta a intrappolare il calore corporeo, rendendola un rifugio efficace quando fa freddo.

I rifugi in tela sono versatili e veloci da installare, il che li rende una scelta eccellente in varie condizioni. I teloni sono leggeri, facili da trasportare e possono essere utilizzati per creare una varietà di configurazioni di rifugi. Uno dei rifugi in telo più semplici è il rifugio con struttura ad A. Per costruire un rifugio con struttura ad A, trova due alberi distanti circa tre metri l'uno dall'altro. Lega un pezzo di corda o paracord tra gli alberi, creando una linea di cresta.

Stendi il telo sulla linea di colmo in modo che formi un triangolo uniforme su entrambi i lati. Fissa gli angoli e i bordi del telo al terreno utilizzando paletti, rocce o rami pesanti. Regola il telo per assicurarti che sia teso e sicuro. Il design con telaio ad A offre una buona protezione dalla pioggia e dal vento ed è facile da montare e smontare.

Un altro utile riparo in telo è il riparo del punto dell'aratro. Questa configurazione è ideale per condizioni ventose, poiché fornisce un profilo basso e un'eccellente resistenza al vento. Per allestire un rifugio per il punto dell'aratro, trova un singolo albero o un punto di ancoraggio. Lega un angolo del telo all'albero all'altezza della vita. Stendi il telo e fissa l'angolo opposto direttamente a terra, creando una forma triangolare.

Fissa a terra i restanti due angoli, tirandoli tesi per formare una struttura stabile. Il riparo del punto dell'aratro dirige il vento sopra la parte superiore, mantenendo l'interno calmo e protetto. Inoltre, il lato aperto può essere posizionato lontano dal vento per massimizzare il riparo dagli elementi.

Quando si utilizzano materiali naturali o teloni per costruire rifugi, prestare sempre attenzione all'ambiente. Utilizza solo legno morto e abbattuto per ridurre al minimo l'impatto sull'ecosistema. Evita di tagliare alberi vivi o di strappare la corteccia, poiché ciò può danneggiare gli alberi e disturbare gli habitat locali. Lascia l'area come l'hai trovata, assicurandoti che anche i futuri visitatori possano godere delle bellezze e delle risorse naturali.

Sapere come costruire diversi tipi di rifugi è un'abilità essenziale per chiunque trascorra del tempo nella natura selvaggia. Le tettoie, le capanne per i detriti e i rifugi in tela offrono vantaggi unici e possono essere costruiti utilizzando materiali facilmente reperibili. Mettendo in pratica queste abilità e comprendendo i principi alla base di ogni tipo di rifugio, puoi migliorare la tua esperienza all'aria aperta, rimanere al sicuro e ridurre al minimo l'impatto ambientale. Che tu stia cercando protezione dagli elementi o un luogo confortevole dove riposare, questi rifugi offrono soluzioni pratiche per una varietà di condizioni e situazioni.

Scegliere la posizione giusta per il rifugio

Scegliere la posizione giusta per il tuo rifugio è fondamentale per garantire sicurezza e comfort nella natura selvaggia. Per prendere una decisione informata è necessario considerare diversi fattori chiave, tra cui la vicinanza all'acqua, la protezione dagli elementi e altri rischi ambientali. Un luogo ben scelto può migliorare notevolmente la tua capacità di stare al caldo, all'asciutto e al sicuro mentre ti godi la vita all'aria aperta.

Uno dei criteri più importanti per la scelta del luogo in cui rifugiarsi è la sua vicinanza all'acqua. Avere una fonte d'acqua affidabile nelle vicinanze è essenziale per bere, cucinare e pulire. Cerca ruscelli, fiumi o laghi che possano fornire acqua dolce. Tuttavia, è importante non posizionare il rifugio troppo vicino all'acqua. Stare ad almeno 200 piedi di distanza dalla fonte d'acqua aiuta a ridurre il rischio di inondazioni, soprattutto nelle aree soggette a temporali improvvisi o all'innalzamento del livello dell'acqua. Inoltre, posizionarsi troppo vicino all'acqua può attirare insetti e animali selvatici, il che può essere fastidioso o addirittura rappresentare un pericolo.

Quando selezioni una posizione, considera il terreno. Scegli un'area piana ed elevata, priva di rocce, radici e altri ostacoli. Un sito elevato ha meno probabilità di raccogliere acqua durante la pioggia, riducendo il rischio che il tuo rifugio si bagni o si allaghi. Evita le zone basse come valli o depressioni, poiché queste possono diventare canali d'acqua naturali durante le forti piogge. Cerca un punto con un buon drenaggio, dove l'acqua possa defluire lontano dal rifugio anziché accumularsi attorno ad esso.

La protezione dagli elementi è un altro fattore critico nella scelta del luogo del rifugio. Cerca caratteristiche naturali che possano fungere da frangivento, come colline, grandi rocce o fitta vegetazione. Queste caratteristiche possono proteggere il tuo rifugio dai forti venti, contribuendo a mantenerlo stabile e riducendo la perdita di calore. Nei climi più freddi, orienta il tuo rifugio in modo che sia rivolto lontano dai venti dominanti per ridurre al minimo l'esposizione. Nei climi più caldi, trova un posto che offra ombra durante le ore più calde della giornata per evitare il surriscaldamento.

Considera la posizione del sole durante il giorno quando scegli la posizione del tuo rifugio. Nei climi più freddi, allestire il tuo rifugio dove riceverà la luce solare mattutina può aiutarti a riscaldarti dopo una notte fredda. Quando fa caldo, trovare un posto all'ombra può aiutarti a mantenerti più fresco e più a tuo agio. L'angolazione del sole cambia con le stagioni, quindi tienilo in considerazione in base al periodo dell'anno in cui sei in campeggio.

Un altro aspetto importante è la disponibilità di materiali naturali per costruire e isolare il vostro rifugio. Cerca un'area con abbondanza di risorse come rami, foglie ed erba. Questi materiali sono essenziali per costruire e isolare vari tipi di rifugi, come tettoie e capanne detriti. Avere questi materiali a portata di mano riduce lo sforzo e il tempo necessari per raccoglierli, permettendoti di allestire il tuo rifugio in modo più rapido ed efficiente.

La sicurezza dai pericoli naturali è una considerazione fondamentale. Evita di allestire il tuo rifugio sotto alberi morti o instabili, poiché questi possono cadere inaspettatamente, soprattutto durante forti venti o tempeste. Cerca in alto e intorno eventuali rami di grandi dimensioni che potrebbero rappresentare un pericolo se dovessero rompersi e cadere. Inoltre, prestare attenzione alle aree soggette a frane, valanghe o altri rischi geologici. Evitare pendii o scogliere dove potrebbero cadere detriti o dove il terreno potrebbe diventare instabile.

La fauna selvatica è un altro fattore da considerare quando si sceglie un luogo in cui rifugiarsi. Evita di allestire il tuo rifugio lungo i sentieri degli animali o vicino a segni di attività della fauna selvatica, come nidi, tane o tane. Gli animali possono diventare aggressivi se si sentono minacciati o se sei troppo vicino a casa loro. Inoltre, evita le aree con abbondanza di insetti, come acqua stagnante o fogliame denso, per ridurre il rischio di morsi e punture.

Pensa al tuo accesso ad altre risorse necessarie. Se prevedi di utilizzare il fuoco per cucinare o riscaldarti, trova un punto in cui puoi facilmente raccogliere legna da ardere. Il legno secco dovrebbe essere prontamente disponibile per ridurre al minimo il tempo e lo sforzo spesi per raccoglierlo. Tuttavia, assicurati che il tuo incendio sia contenuto in modo sicuro e che il tuo rifugio non sia troppo vicino al fuoco per evitare ustioni o incendi accidentali.

Considera il tuo comfort e la tua comodità generale. Scegli un luogo con una vista piacevole o una bellezza naturale per migliorare la tua esperienza all'aria aperta. Un punto panoramico può rendere il tempo trascorso nella natura selvaggia più piacevole e rilassante. Inoltre, pensa alla vicinanza del tuo rifugio a eventuali sentieri o sentieri che potresti dover utilizzare per la navigazione o il viaggio.

Essere vicino a un sentiero può rendere più facile esplorare la zona o tornare al punto di partenza.

Scegliere la posizione giusta per il tuo rifugio implica un'attenta considerazione di diversi fattori, tra cui la vicinanza all'acqua, al terreno, la protezione dagli elementi, la disponibilità di materiali naturali, la sicurezza dai pericoli e la consapevolezza della fauna selvatica. Valutando questi criteri, puoi scegliere un sito di rifugio che offra sicurezza, comfort e convenienza. Una posizione ben scelta migliora la tua capacità di rimanere al caldo, asciutto e sicuro, permettendoti di goderti appieno il tuo tempo nella natura selvaggia riducendo al minimo i rischi e garantendo un'esperienza all'aria aperta positiva. Ricorda, prendersi il tempo per trovare il miglior sito possibile per il tuo rifugio è un investimento nella tua sicurezza e nel tuo comfort, rendendo le tue avventure nel bushcraft più divertenti e gratificanti.

Isolamento e comfort nei rifugi naturali

Isolare un rifugio nella natura è essenziale per mantenere il calore e il comfort, in particolare quando si affrontano le diverse condizioni delle diverse stagioni. Un isolamento efficace può fare la differenza tra una notte fredda e scomoda e un'esperienza riposante e sicura nella natura. Esistono diversi metodi e materiali che puoi utilizzare per isolare il tuo rifugio, ciascuno adatto a diversi ambienti e condizioni meteorologiche.

Nei climi più freddi, mantenersi al caldo è la preoccupazione principale. Uno dei modi più efficaci per isolare un rifugio è utilizzare materiali naturali presenti nell'ambiente circostante. Foglie, erba, aghi di pino e persino muschio possono fornire un eccellente isolamento. Quando costruisci una capanna di detriti, ad esempio, puoi raccogliere questi materiali per creare muri spessi che intrappolano il calore all'interno. Inizia costruendo una struttura utilizzando rami robusti, quindi impila sopra i materiali isolanti. Più spesso è lo strato di detriti, migliore è l'isolamento. Obiettivo per pareti spesse almeno tre piedi per garantire un calore adeguato.

Un altro aspetto importante dell'isolamento è il pavimento del rifugio. Il terreno può allontanare rapidamente il calore dal corpo, rendendo la notte fredda e scomoda. Per evitare ciò, crea una barriera tra te e il terreno. Stendi uno spesso strato di foglie, erba o aghi di pino all'interno del tuo rifugio per fornire isolamento e ammortizzazione. Se disponibile, puoi anche utilizzare un materassino o un telo per un ulteriore isolamento. Sopraelevare la zona notte utilizzando un letto di rami o tronchi rivestito con materiali morbidi può ridurre ulteriormente la perdita di calore.

Per i rifugi come le tettoie o i teloni, l'aggiunta di un ulteriore isolamento può essere leggermente diversa. Se disponi di un telo, puoi migliorarne le proprietà isolanti creando un doppio strato. Prepara il telo come al solito, quindi raccogli materiali naturali come foglie o erba e posizionali tra il telo e la struttura. Ciò crea un traferro che intrappola l'aria calda, simile a come funzionano le finestre con doppi vetri. Inoltre, puoi accumulare detriti o neve attorno alla base del rifugio per bloccare le correnti d'aria e fornire un ulteriore isolamento.

Nella stagione più calda, l'attenzione si sposta dal trattenere il calore al mantenere una temperatura confortevole e alla protezione dal sole. L'isolamento è ancora importante, ma cambiano le modalità. Una strategia chiave è usare l'ombra a proprio vantaggio. Posiziona il tuo rifugio in una zona ombreggiata, ad esempio sotto la chioma di un albero, per evitare la luce solare diretta. Ciò aiuta a mantenere il rifugio più fresco durante il giorno. Se l'ombra naturale non è disponibile, puoi crearne una tua utilizzando un telo o grandi rami con foglie.

La ventilazione è fondamentale nei climi più caldi per prevenire il surriscaldamento. Assicurati che il tuo rifugio abbia un flusso d'aria adeguato lasciando degli spazi vuoti o creando aperture che consentano all'aria di circolare. In un telone, puoi ottenere questo risultato appoggiando un lato più in alto dell'altro o arrotolando leggermente i lati. Ciò consente all'aria calda di fuoriuscire mentre entra aria più fresca, mantenendo una temperatura più confortevole all'interno.

Isolare il tuo rifugio in condizioni di bagnato richiede ulteriori considerazioni per rimanere asciutto e caldo. L'acqua può rapidamente assorbire il calore dal corpo, quindi è essenziale mantenere lontana l'umidità. Inizia scegliendo un luogo asciutto per il tuo rifugio, preferibilmente su un terreno elevato. Utilizzare un telo o materiali impermeabili per creare una barriera contro la pioggia e l'umidità. Assicurati che il tetto del tuo rifugio sia angolato per consentire all'acqua di defluire e utilizza materiali naturali come foglie o rami per creare uno strato esterno resistente alla pioggia.

All'interno del rifugio, utilizzare materiali asciutti per l'isolamento. Se il terreno è bagnato, rialza la zona notte costruendo una piattaforma utilizzando tronchi o rami. Copri questa piattaforma con un telo o una barriera impermeabile, quindi aggiungi uno strato di materiale isolante sopra. Questo aiuta a mantenerti asciutto e caldo evitando il contatto diretto con il terreno bagnato.

La neve può essere un ottimo isolante in condizioni invernali. I rifugi sulla neve, come gli igloo o i quinzhee, sfruttano le proprietà isolanti della neve per mantenere un interno sorprendentemente caldo. Per costruire un quinzhee, accumula un grande cumulo di neve e lascialo depositare e indurire per alcune ore. Quindi, svuota l'interno, creando un rifugio a forma di cupola. La neve compattata intrappola il calore e blocca il vento, rendendola un efficace rifugio invernale. Assicurati solo di lasciare fori di ventilazione per consentire il flusso d'aria e prevenire l'accumulo di anidride carbonica.

Per qualsiasi rifugio, il fuoco può essere un'importante fonte di calore. Accendere un fuoco vicino al tuo rifugio può irradiare calore e aiutare a mantenere caldo l'interno. Dietro il fuoco possono essere posizionate pareti riflettenti, realizzate con tronchi o rocce, per dirigere il calore verso il rifugio. Praticare sempre la sicurezza antincendio, assicurandosi che l'incendio sia contenuto e monitorato per prevenire incidenti.

Mantenere il comfort in un rifugio nella natura va oltre l'isolamento. Organizzare il tuo spazio in modo efficiente può fare una grande differenza. Tieni gli oggetti essenziali a portata di mano e crea una zona notte designata per garantire una notte riposante. Usare un sacco a pelo adatto alla stagione e alle condizioni in cui ti trovi può migliorare notevolmente il comfort. Quando fa più freddo, opta per un sacco a pelo con una temperatura inferiore per trattenere il calore corporeo. Nelle giornate più calde potrebbe essere sufficiente un sacco a pelo più leggero o anche solo una coperta.

L'isolamento e il mantenimento del comfort in un rifugio nella natura selvaggia richiedono una varietà di tecniche e materiali adattati ai diversi ambienti e stagioni. L'uso di materiali naturali come foglie, erba e neve può fornire un isolamento efficace, mentre la corretta selezione del sito, la ventilazione e l'organizzazione contribuiscono al comfort generale. Che tu debba affrontare freddo, caldo, condizioni di umidità o neve, comprendere questi principi può aiutarti a creare un rifugio sicuro e accogliente che migliori la tua esperienza all'aria aperta. Praticare queste abilità non solo migliorerà le tue abilità nel bushcraft, ma ti garantirà anche di poter gestire diverse condizioni con sicurezza e facilità.

CAPITOLO 5

Approvvigionamento e purificazione dell'acqua

Trovare fonti d'acqua nel deserto

Trovare fonti d'acqua nella natura selvaggia è essenziale per la sopravvivenza e il mantenimento di una buona salute. In natura, l'acqua è una risorsa fondamentale e sapere dove e come trovarla può fare la differenza. Esistono diverse tecniche che puoi utilizzare per individuare le fonti d'acqua naturali, come ruscelli, laghi e sorgenti sotterranee.

Uno dei metodi più affidabili per trovare l'acqua è seguire il paesaggio. L'acqua scorre naturalmente in discesa a causa della gravità, quindi dirigersi verso quote più basse può spesso portare a una fonte d'acqua. Cerca valli, burroni o aree in cui il terreno scende, poiché si tratta di percorsi naturali attraverso i quali l'acqua si raccoglie e scorre. In molti casi, in queste zone più basse potresti trovare ruscelli, fiumi o anche piccole pozze d'acqua.

La vegetazione può anche essere un forte indicatore della presenza di acqua nelle vicinanze. Le piante hanno bisogno di acqua per sopravvivere e la vegetazione verde e rigogliosa spesso segnala la presenza di acqua nelle vicinanze. Presta attenzione ai cambiamenti nella vita vegetale, come gruppi di alberi o un fitto sottobosco, che possono indicare livelli di umidità più elevati nel terreno. I salici, ad esempio, si trovano comunemente vicino a fonti d'acqua. Seguire le tracce degli animali può anche portarti all'acqua, poiché la fauna selvatica spesso viaggia da e verso fonti d'acqua per idratarsi.

Negli ambienti aridi o desertici, trovare l'acqua può essere più impegnativo, ma non impossibile. Cerca segni di corsi d'acqua stagionali noti come letti asciutti o lavaggi. Queste aree potrebbero non avere acqua visibile in superficie, ma scavare qualche metro nella sabbia o nella ghiaia a volte può rivelare umidità nascosta. Inoltre, le formazioni rocciose possono fornire indizi. Controlla la base delle scogliere o degli affioramenti rocciosi per individuare eventuali infiltrazioni o piccole pozze d'acqua che potrebbero essersi accumulate a causa della pioggia o della condensa.

La rugiada mattutina è un'altra preziosa fonte d'acqua in alcuni ambienti. Durante la notte, l'umidità presente nell'aria si condensa su superfici come foglie, erba e rocce. Puoi raccogliere questa rugiada legando panni o indumenti assorbenti alle gambe e camminando nell'erba alta la mattina presto. Successivamente strizzare i panni per raccogliere l'acqua. Questo metodo non produrrà grandi quantità ma può fornire una fonte vitale di idratazione in un attimo.

L'acqua piovana è una fonte d'acqua affidabile e relativamente pulita nelle zone selvagge. Se prevedi pioggia, predisponi un sistema di raccolta utilizzando teloni, poncho antipioggia o grandi foglie per incanalare l'acqua nei contenitori. Anche la creazione di un semplice sistema di raccolta scavando una fossa poco profonda e rivestendola con un materiale impermeabile può aiutare a raccogliere l'acqua piovana. Assicurati di avere un contenitore pronto per conservare l'acqua raccolta per un uso successivo.

In alcune regioni, potresti trovare acqua intrappolata in bacini rocciosi naturali o buche. Queste formazioni possono raccogliere l'acqua piovana e fungere da piccoli serbatoi. Controllate attentamente questi bacini, soprattutto dopo le recenti piogge, poiché possono fornire una preziosa fonte d'acqua. Usa una tazza, una bottiglia o un altro contenitore per raccogliere l'acqua. Se la vasca è profonda utilizzare un panno o una spugna per assorbire e raccogliere l'acqua.

Le sorgenti sotterranee sono un'altra potenziale fonte d'acqua. Le sorgenti si verificano quando le acque sotterranee emergono naturalmente dalla terra, spesso alla base delle colline o nelle valli. Per individuare una sorgente, cerca le aree in cui il terreno è costantemente umido o dove l'acqua filtra dalle formazioni rocciose. A volte le sorgenti possono essere identificate da macchie di vegetazione verde in un'area altrimenti secca. Una volta trovata una sorgente, l'acqua è solitamente fresca e pulita, anche se è comunque consigliabile purificarla prima di berla.

Anche la neve e il ghiaccio possono fornire acqua in ambienti freddi. La neve sciolta può essere una fonte d'acqua pulita e abbondante, ma richiede calore o un contenitore adatto per sciogliersi. Raccogliere neve o ghiaccio puliti, evitando macchie scolorite o contaminate. Mettetela in un contenitore e lasciatela sciogliere sul fuoco o utilizzando il calore del corpo. È importante notare che mangiare direttamente la neve può abbassare la temperatura corporea, quindi scioglila sempre prima.

Se ti trovi vicino alla costa, la desalinizzazione dell'acqua di mare è un'opzione, anche se richiede più impegno e attrezzature. Non bere mai direttamente l'acqua di mare, poiché il suo alto contenuto di sale può portare alla disidratazione. Invece, puoi costruire un semplice distillatore solare o utilizzare un kit di desalinizzazione commerciale per rimuovere il sale e rendere l'acqua potabile. Gli alambicchi solari sfruttano il calore del sole per far evaporare l'acqua, che poi si condensa su un foglio di plastica e gocciola in un contenitore di raccolta, lasciando dietro di sé il sale.

Il comportamento degli animali può anche guidarti verso le fonti d'acqua. Gli uccelli, soprattutto quelli che si nutrono di insetti, spesso restano vicino all'acqua. Al mattino presto e nel tardo pomeriggio si possono osservare gli uccelli volare verso le fonti d'acqua. Seguire le loro traiettorie di volo a volte può portarti all'acqua. Allo stesso modo, la selvaggina di grandi dimensioni come cervi o alci visita spesso le fonti d'acqua all'alba e al tramonto. Osservare le loro tracce e movimenti può aiutarti a identificare l'acqua vicina.

Ascoltare il rumore dell'acqua che scorre può essere un'altra tecnica efficace. In un ambiente tranquillo e selvaggio, il suono di un ruscello o di un fiume può raggiungere una distanza considerevole. Prenditi un momento per fermarti e ascoltare attentamente. Muoversi verso il suono può guidarti verso una fonte d'acqua corrente, da cui generalmente è più sicuro bere rispetto all'acqua stagnante.

Una volta individuata una potenziale fonte d'acqua, è fondamentale valutarne la qualità e la purezza. L'acqua limpida e corrente è in genere più sicura dell'acqua ferma e stagnante, che può ospitare batteri e parassiti. Se l'acqua è torbida o ha un odore insolito, è meglio evitarla se possibile. Utilizzare sempre metodi di purificazione come bollitura, filtrazione o trattamenti chimici per garantire che l'acqua sia sicura da bere.

Trovare fonti d'acqua nella natura selvaggia richiede una combinazione di conoscenza, osservazione e intraprendenza. Comprendendo il paesaggio, la vegetazione, il comportamento degli animali e le formazioni naturali, puoi aumentare le tue possibilità di individuare fonti d'acqua affidabili. Sia che si segua un ruscello, si raccolga l'acqua piovana o si sciolga la neve, garantire una fornitura costante di acqua pulita è un aspetto fondamentale della sopravvivenza del bushcraft e della natura selvaggia.

Metodi di purificazione dell'acqua

La purificazione dell'acqua è un'abilità cruciale per chiunque trascorra del tempo nella natura selvaggia. Bere acqua non trattata può portare a seri problemi di salute a causa della presenza di batteri, virus, parassiti e altri contaminanti. Esistono diversi metodi efficaci per purificare l'acqua, tra cui bollitura, trattamenti chimici e sistemi di filtraggio. Ciascun metodo presenta vantaggi e considerazioni, per cui è importante capire come e quando utilizzarli.

L'ebollizione è uno dei metodi più semplici e affidabili per purificare l'acqua. Riscaldando l'acqua fino al punto di ebollizione, puoi uccidere efficacemente i microrganismi dannosi che causano malattie. Per purificare l'acqua tramite l'ebollizione, inizia raccogliendo l'acqua in una pentola o contenitore pulito. Posiziona il contenitore sopra una fonte di calore come un fuoco da campo o un fornello e porta l'acqua a ebollizione. Mantenere l'ebollizione per almeno un minuto per garantire che eventuali agenti patogeni vengano distrutti. Ad altitudini più elevate, dove il punto di ebollizione dell'acqua è inferiore, prolungare il tempo di ebollizione ad almeno tre minuti per compensare. Una volta bollita, lasciare raffreddare l'acqua prima di berla. L'ebollizione è efficace per uccidere batteri, virus e parassiti, ma non rimuove contaminanti chimici o sedimenti. Pertanto, è una buona idea lasciare depositare eventuali particelle e versare l'acqua più pulita, oppure utilizzare un panno per filtrare i detriti più grandi prima dell'ebollizione.

Il trattamento chimico è un altro metodo efficace per purificare l'acqua. Implica l'aggiunta di sostanze chimiche all'acqua per uccidere gli organismi nocivi. Le sostanze chimiche più comuni utilizzate a questo scopo sono iodio, cloro e biossido di cloro. Ognuno ha le sue istruzioni specifiche per l'uso. Le compresse o soluzioni di iodio sono comode e facili da usare. Per trattare l'acqua con iodio, aggiungere il numero raccomandato di compresse o gocce all'acqua e mescolare bene. Lasciare riposare l'acqua per almeno 30 minuti per garantire che lo iodio abbia il tempo di uccidere eventuali microrganismi. Tieni presente che l'acqua trattata con iodio può avere un sapore distinto e le persone con allergie allo iodio o problemi alla tiroide dovrebbero evitare questo metodo. Il cloro è un'altra sostanza chimica ampiamente utilizzata per la purificazione dell'acqua. A questo scopo è possibile utilizzare la candeggina domestica in piccole quantità. Aggiungi otto gocce di candeggina (concentrazione del 5-6%) per litro d'acqua, mescola bene e lascia riposare per 30 minuti. Assicurati che la candeggina sia inodore e priva di additivi. Le compresse di biossido di cloro rappresentano un'alternativa efficace, poiché uccidono una gamma più ampia di agenti patogeni e migliorano il gusto rispetto allo iodio. Seguire le istruzioni del produttore per il dosaggio corretto e il tempo di attesa. I trattamenti chimici sono leggeri e portatili, il che li rende ideali per lo zaino in spalla e i kit di emergenza. Tuttavia, potrebbero non essere efficaci contro alcune cisti protozoarie, come il Cryptosporidium, e non rimuovono gli inquinanti chimici o i particolati.

I sistemi di filtrazione forniscono un modo pratico ed efficiente per purificare l'acqua, soprattutto quando si tratta di sedimenti o acqua torbida. Questi sistemi utilizzano barriere fisiche per rimuovere i contaminanti dall'acqua. Esistono vari tipi di filtri, che vanno dai filtri portatili con paglia ai filtri con pompa e ai sistemi alimentati per gravità. I filtri a cannuccia portatili, come LifeStraw, ti consentono di bere direttamente da una fonte d'acqua filtrando batteri, parassiti e microplastiche mentre sorseggi. Questi filtri sono leggeri e facili da trasportare, il che li rende una scelta popolare per escursionisti e campeggiatori. I filtri della pompa utilizzano una pompa manuale per forzare l'acqua attraverso una cartuccia filtrante, che intrappola i contaminanti. Questi filtri sono efficaci per produrre grandi quantità di acqua pulita e possono rimuovere batteri, protozoi e alcuni virus, a seconda delle specifiche del filtro. I filtri alimentati per gravità funzionano utilizzando la gravità per trascinare l'acqua attraverso un filtro, in genere da un serbatoio elevato a un contenitore pulito sottostante. Questi sistemi sono utili per campeggi di gruppo o campi base, poiché forniscono una fornitura costante di acqua filtrata senza pompaggio manuale. I sistemi di filtraggio variano in termini di efficacia, quindi è importante sceglierne uno che soddisfi le tue esigenze. Cerca filtri con una dimensione dei pori di 0,2 micron o inferiore per rimuovere efficacemente la maggior parte degli agenti patogeni. Sebbene i filtri siano eccellenti per rimuovere particelle e molti microrganismi, potrebbero non eliminare tutti i virus o gli inquinanti chimici. La combinazione della filtrazione con un altro metodo, come il trattamento chimico, può fornire un ulteriore livello di protezione.

Oltre a questi metodi principali, esistono altre tecniche che possono essere utilizzate per migliorare la purificazione dell'acqua. La disinfezione solare (SODIS) è un metodo semplice ed economico adatto ai climi soleggiati. Si tratta di riempire una bottiglia di plastica trasparente con acqua ed esporla alla luce solare diretta per almeno sei ore. I raggi UV del sole aiutano a uccidere batteri, virus e parassiti. Questo metodo è efficace per piccole quantità d'acqua e può essere utile in situazioni di emergenza, sebbene sia meno affidabile in condizioni nuvolose o piovose.

I depuratori di luce ultravioletta (UV) sono un'altra opzione moderna per la purificazione dell'acqua. Questi dispositivi utilizzano la luce UV per distruggere il DNA dei microrganismi, rendendoli innocui. I purificatori UV sono leggeri e facili da usare, il che li rende ideali per i viaggiatori e gli appassionati di outdoor. Per utilizzare un purificatore UV, raccogliere l'acqua in un contenitore pulito e immergere il dispositivo a luce UV, mescolando per il tempo consigliato (solitamente circa 90 secondi per un litro d'acqua). La luce UV neutralizza efficacemente batteri, virus e protozoi. Tuttavia, i purificatori UV richiedono batterie o una fonte di alimentazione e non rimuovono particolato o contaminanti chimici.

Un'altra alternativa è utilizzare il carbone attivo. I filtri al carbone attivo possono assorbire molti contaminanti chimici, migliorando il gusto e l'odore dell'acqua. Questi filtri sono spesso incorporati nelle bottiglie d'acqua o nei filtri in linea e sono efficaci nel ridurre il cloro, i composti organici volatili (COV) e alcuni metalli pesanti. Tuttavia, non rimuovono i microrganismi, quindi combinarli con altri metodi di purificazione è essenziale per garantire acqua potabile sicura.

In qualsiasi processo di purificazione, è importante considerare la qualità iniziale della fonte d'acqua. L'acqua limpida e corrente proveniente da ruscelli o fiumi è generalmente più sicura dell'acqua stagnante di stagni o pozzanghere. Ispeziona sempre l'acqua per individuare eventuali contaminanti visibili ed evita fonti che potrebbero essere inquinate da rifiuti animali o deflussi industriali. Prefiltrare l'acqua attraverso un panno o un filtro per il caffè può aiutare a rimuovere particelle e detriti più grandi, rendendo più efficace la successiva purificazione.

Anche il corretto stoccaggio dell'acqua purificata è fondamentale per prevenire la ricontaminazione. Utilizzare contenitori puliti e sterilizzati ed evitare di toccare l'interno del contenitore o l'acqua stessa.

Se possibile, conserva l'acqua in un contenitore con un coperchio ermetico per tenere lontani sporco e insetti.

Purificare l'acqua nelle zone selvagge implica una varietà di metodi, ciascuno con i propri vantaggi e limiti. L'ebollizione è una tecnica affidabile e semplice per uccidere gli agenti patogeni. I trattamenti chimici, come iodio e cloro, offrono una soluzione portatile e facile da usare, mentre i sistemi di filtrazione forniscono un modo efficace per rimuovere particolato e molti microrganismi. La combinazione di metodi può fornire maggiore sicurezza e garantire che l'acqua che bevi sia priva di contaminanti dannosi. Comprendere queste tecniche e sapere quando usarle è essenziale per mantenere una buona salute e sicurezza durante le avventure all'aria aperta.

Strategie di idratazione e conservazione dell'acqua

Rimanere idratati nella natura selvaggia è essenziale per mantenere i livelli di salute ed energia. Una corretta idratazione aiuta a regolare la temperatura corporea, a mantenere la funzione cognitiva e a sostenere le prestazioni fisiche. Quando sei in natura, l'accesso all'acqua potabile pulita può essere limitato, quindi è fondamentale comprendere le strategie di idratazione e le tecniche di conservazione dell'acqua.

Il corpo umano è composto per circa il 60% da acqua e fa affidamento su quest'acqua per varie funzioni corporee. Quando sei attivo, soprattutto in un ambiente selvaggio, perdi acqua attraverso il sudore, la respirazione e la minzione. Questa perdita deve essere reintegrata regolarmente per prevenire la disidratazione. La disidratazione può portare a seri problemi di salute come esaurimento da calore, colpo di calore e compromissione della funzione cognitiva. Pertanto, è importante bere acqua costantemente durante il giorno, anche se non hai sete.

Una delle strategie di idratazione più efficaci è bere frequentemente piccole quantità di acqua anziché consumarne grandi quantità tutte in una volta. Questo aiuta il tuo corpo ad assorbire e utilizzare l'acqua in modo più efficiente. Cerca di bere circa mezzo litro d'acqua ogni ora se svolgi un'attività moderata. Nella stagione calda o durante attività faticose, potrebbe essere necessario aumentare questa quantità per rimanere adeguatamente idratati. Porta sempre con te una bottiglia d'acqua riutilizzabile e bevi sorsi regolari, soprattutto durante le pause di riposo.

È anche importante riconoscere precocemente i segni di disidratazione. I sintomi più comuni includono secchezza delle fauci, urine di colore giallo scuro, mal di testa, vertigini e affaticamento. Se noti uno di questi segnali, aumenta immediatamente l'assunzione di acqua. Nei casi gravi di disidratazione, potrebbero verificarsi confusione, battito cardiaco accelerato e svenimenti, che richiedono cure mediche immediate.

Oltre all'acqua potabile, il consumo di cibi ad alto contenuto di acqua può aiutare a mantenere l'idratazione. Frutta e verdura come cetrioli, arance e angurie sono ottime fonti di idratazione. Se stai facendo un viaggio più lungo, considera di portare con te della frutta disidratata che puoi reidratare in acqua. Anche zuppe e brodi possono contribuire all'assunzione giornaliera di acqua fornendo nutrienti essenziali.

La conservazione dell'acqua diventa fondamentale quando ci si trova in un ambiente con fonti d'acqua limitate. Ecco alcune strategie per risparmiare acqua e sfruttare al massimo ciò che hai. Innanzitutto, dai la priorità al consumo di acqua. Bere dovrebbe essere sempre la tua massima priorità. Usa l'acqua con parsimonia per altre esigenze come cucinare, pulire e igiene personale. Durante la cottura, utilizzare una quantità minima di acqua optando per pasti che richiedono meno preparazione e tempi di cottura. Considera l'idea di utilizzare l'acqua rimasta dalla cottura della pasta o del riso per lavare i piatti o per altri scopi.

Ridurre al minimo la perdita di sudore è un altro modo efficace per conservare l'acqua. Regola il tuo livello di attività in base alla temperatura e all'ora del giorno. Nella stagione calda, evitare attività faticose durante le ore di punta, di solito tra le 10:00 e le 16:00. Pianifica invece le attività fisicamente più impegnative per la mattina presto o il tardo pomeriggio, quando fa più fresco. Indossa abiti chiari e larghi che coprano la pelle per ridurre l'esposizione diretta al sole e mantenerti più fresco. Un cappello a tesa larga e occhiali da sole possono anche aiutarti a proteggerti dal sole e ridurre il rischio di malattie legate al caldo.

Quando devi pulire te stesso o la tua attrezzatura, usa tecniche che richiedono una quantità minima di acqua. Per l'igiene personale, usa un panno umido o delle salviette per neonati per pulire il tuo corpo invece di fare un lavaggio completo. Quando ti lavi i denti, usa una piccola tazza d'acqua invece di lasciarla scorrere continuamente. Se hai bisogno di lavare i piatti, usa sapone biodegradabile e una piccola quantità di acqua. Raschiare i residui di cibo prima del lavaggio per ridurre al minimo la quantità di acqua necessaria.

Un altro aspetto importante della conservazione dell'acqua è proteggere le fonti d'acqua dalla contaminazione. Quando trovi una fonte d'acqua, evita di lavarti direttamente in essa. Raccogli invece l'acqua in un contenitore e allontanati di almeno 200 piedi dalla fonte prima di lavare te stesso o le tue cose. Ciò aiuta a mantenere l'acqua pulita per gli altri e per la fauna selvatica. Sii consapevole dell'ambiente e utilizza saponi e prodotti per la pulizia biodegradabili per ridurre al minimo l'inquinamento.

Anche trasportare e immagazzinare l'acqua in modo efficiente può aiutare a conservarla. Utilizza contenitori leggeri, resistenti e facili da trasportare. Le bottiglie d'acqua pieghevoli e le sacche di idratazione sono scelte eccellenti per risparmiare spazio quando non vengono utilizzate. Se ti trovi in una zona con fonti d'acqua affidabili, valuta di portare con te un filtro per l'acqua portatile o compresse per la purificazione invece di trasportare grandi quantità di acqua. In questo modo, puoi rifornire la tua scorta secondo necessità senza sovraccaricarti.

È anche saggio pianificare il percorso e i punti di campeggio attorno a fonti d'acqua conosciute. Studia mappe e guide per identificare ruscelli, laghi o sorgenti lungo il tuo percorso. Quando allestisci l'accampamento, scegli un luogo vicino a una fonte d'acqua, ma non così vicino da rischiare di contaminarla. Seguire i principi Leave No Trace aiuta a garantire che le fonti d'acqua rimangano pulite e utilizzabili per tutti.

In situazioni di emergenza in cui l'acqua è estremamente scarsa, è possibile utilizzare tecniche di sopravvivenza per estrarre acqua da fonti non convenzionali. La rugiada può essere raccolta dalla vegetazione al mattino presto asciugandola con un panno e poi strizzando il panno in un contenitore. Puoi anche creare un alambicco solare scavando una buca, posizionando un contenitore al centro, coprendo il buco con un foglio di plastica e appesantendo il centro del foglio con una piccola pietra. Il calore del sole farà evaporare l'umidità dal terreno, si condenserà sulla plastica e gocciolerà nel contenitore. Questi metodi richiedono pazienza e potrebbero non produrre grandi quantità di acqua, ma possono salvare la vita in situazioni terribili.

Comprendere i principi dell'idratazione e della conservazione dell'acqua è fondamentale per chiunque si avventuri nella natura selvaggia. Bevendo acqua regolarmente, riconoscendo i segni di disidratazione e conservando la riserva idrica, puoi mantenere la tua salute e il tuo benessere in ambienti difficili. Pianificare in anticipo, dare priorità alle tue esigenze idriche e utilizzare tecniche efficienti ti aiuterà a rimanere idratato e al sicuro durante le tue avventure all'aria aperta.

CAPITOLO 6

Approvvigionamento alimentare

Ricerca di piante e bacche commestibili

Cercare piante e bacche commestibili nella natura selvaggia può essere un'abilità gratificante e pratica. Richiede conoscenza, attenzione ai dettagli e una forte comprensione dell'ambiente naturale. Imparare a identificare e procurarsi in modo sicuro piante e bacche commestibili ti garantisce di poter integrare la tua dieta con risorse nutrienti e fresche presenti in natura.

Le piante e le bacche commestibili sono abbondanti in vari ecosistemi, ma è fondamentale identificarle correttamente per evitare di consumare qualcosa di tossico. Il primo passo nel foraggiamento è familiarizzare con la flora locale. Ogni ambiente, che si tratti di una foresta, di un prato o di una zona umida, ospita una varietà unica di piante. Ottieni una guida sul campo affidabile specifica per la regione che stai esplorando. Queste guide spesso includono immagini, descrizioni e dettagli importanti sugli habitat e le stagioni delle piante, rendendo più facile riconoscere le piante sicure e commestibili.

Durante la raccolta, presta attenzione alle caratteristiche della pianta come la forma delle foglie, il colore dei fiori e il modello di crescita. Molte piante commestibili hanno piante simili che possono essere tossiche. Ad esempio, le carote selvatiche assomigliano alla cicuta velenosa, quindi distinguere tra le due è fondamentale. Le carote selvatiche hanno il gambo peloso e hanno un odore caratteristico di carota, mentre la cicuta ha il gambo liscio e cavo e un odore sgradevole. Effettuare sempre riferimenti incrociati a più caratteristiche della pianta per garantire un'identificazione accurata.

Le piante commestibili più comuni che potresti incontrare includono il dente di leone, il cerastio e l'aglio selvatico. I denti di leone sono facilmente riconoscibili con i loro fiori gialli brillanti e le foglie frastagliate. Tutte le parti del dente di leone sono commestibili, comprese le radici, che possono essere utilizzate come sostituto del caffè. Il cerastio, che si trova nelle zone umide e ombreggiate, ha piccoli fiori bianchi a forma di stella e un sapore delicato. L'aglio selvatico, che si trova spesso nelle aree boschive, ha un forte odore di aglio, che lo rende facile da identificare solo dall'olfatto. Queste piante non sono solo commestibili ma offrono anche vari benefici per la salute.

Le bacche sono un'altra eccellente fonte di nutrimento in natura. Molte bacche selvatiche sono sicure da mangiare, ma è essenziale identificarle correttamente poiché alcune possono essere dannose. Mirtilli, more e lamponi si trovano comunemente nelle foreste e solitamente sono sicuri da consumare. I mirtilli crescono su piccoli cespugli e sono blu scuro quando maturi. Sui rovi spinosi crescono more e lamponi; le more diventano nere quando sono mature, mentre i lamponi possono essere rossi, gialli o neri.

Quando cerchi le bacche, scegli solo quelle completamente mature, poiché le bacche acerbe a volte possono essere acide o addirittura leggermente tossiche. È anche saggio assaggiare prima una piccola quantità e aspettare di vedere se si verificano reazioni avverse prima di consumarne di più. Questa precauzione aiuta a evitare potenziali reazioni allergiche o sensibilità a nuovi alimenti.

È importante comprendere gli habitat in cui prosperano queste piante e bacche. Le piante commestibili crescono spesso in terreni ricchi di sostanze nutritive, vicino a fonti d'acqua o in aree soleggiate e aperte. Ad esempio, l'ortica, ricca di vitamine e minerali, cresce spesso in terreni fertili e disturbati. Li troverai lungo le rive dei fiumi, ai margini delle foreste e nei prati. Le tife, un'altra pianta preziosa, crescono nelle zone umide e nelle paludi. I giovani germogli, le radici e il polline sono tutti commestibili e altamente nutrienti.

Oltre a sapere dove trovare piante e bacche commestibili, è fondamentale capire le stagioni in cui sono disponibili. Molte piante e bacche hanno stagioni di crescita specifiche. Ad esempio, l'aglio selvatico viene solitamente raccolto in primavera, mentre le more e i lamponi sono più comuni a fine estate e inizio autunno. Conoscere il momento giusto per raccogliere il cibo ti assicura di trovare le piante e le bacche al massimo del loro valore nutrizionale e del loro gusto.

Durante la raccolta, è importante praticare una raccolta sostenibile per proteggere l'ambiente naturale e garantire che le piante continuino a prosperare. Non prendere mai più del necessario ed evita di raccogliere piante intere, se possibile. Per le piante perenni, come molti cespugli di bacche, prendi solo poche bacche da ciascuna pianta per consentire loro di riprodursi e fornire cibo alla fauna selvatica. Questa pratica aiuta a mantenere l'equilibrio dell'ecosistema e garantisce che le risorse rimangano disponibili per i futuri raccoglitori.

Un altro aspetto cruciale del foraggiamento è comprendere i potenziali rischi associati al consumo di piante e bacche selvatiche. Alcune piante contengono composti che possono causare reazioni allergiche o interagire negativamente con i farmaci. Se non sei sicuro della sicurezza di una pianta, è meglio peccare per eccesso di cautela ed evitare di consumarla. Inoltre, prestare attenzione ai contaminanti ambientali. Le piante che crescono vicino ai bordi delle strade, alle aree industriali o alle fonti d'acqua contaminate possono assorbire sostanze chimiche dannose. Foraggiate sempre in aree pulite e naturali, lontano da potenziali agenti inquinanti.

Anche la corretta preparazione degli alimenti foraggiati è essenziale per la sicurezza e l'appetibilità. Alcune piante commestibili contengono composti amari o altri elementi che risultano più digeribili una volta cotti. Ad esempio, le ortiche possono essere cotte per eliminare il loro pungiglione, rendendole un'aggiunta nutriente a zuppe e stufati. Le ghiande, un'altra fonte di cibo selvatico, contengono tannini che devono essere eliminati immergendoli nell'acqua prima di poter essere commestibili. La cottura non solo rende alcuni cibi selvatici più sicuri, ma ne esalta anche il sapore e la consistenza.

Imparare a conoscere le piante e le bacche commestibili può essere un processo continuo e divertente. Interagire con gruppi locali di raccoglitori o seguire lezioni da raccoglitori esperti può fornire una preziosa esperienza pratica e rafforzare la tua sicurezza. Praticare regolarmente le abilità di raccolta ti aiuta a diventare più abile nell'identificare le piante e nel comprenderne gli usi.

Cercare piante e bacche commestibili è un'abilità preziosa che ti connette con la natura e fornisce cibo fresco e nutriente. Per procurarsi il cibo in modo sicuro ed efficace, è essenziale studiare la flora locale, utilizzare metodi di identificazione affidabili e comprendere gli habitat e le stagioni delle piante. La pratica della raccolta sostenibile e delle tecniche di preparazione adeguate garantisce di poter godere della generosità della natura selvaggia preservando l'ambiente per le generazioni future. Questa conoscenza non solo migliora la tua esperienza all'aria aperta, ma favorisce anche un più profondo apprezzamento per il mondo naturale e le sue risorse.

Cattura e caccia alla piccola selvaggina

Catturare e cacciare la piccola selvaggina nella natura selvaggia può essere essenziale per la sopravvivenza, poiché fornisce una fonte affidabile di proteine quando altre fonti di cibo scarseggiano. Comprendere le tecniche di base per catturare e cacciare la piccola selvaggina, nonché i tipi di trappole e armi comunemente utilizzate, è fondamentale per chiunque desideri sviluppare l'autosufficienza in natura.

La cattura è un metodo che prevede l'installazione di dispositivi per catturare gli animali senza la necessità di un monitoraggio continuo. Ciò può essere particolarmente utile quando è necessario risparmiare energia o concentrarsi su altri compiti di sopravvivenza. Esistono vari tipi di trappole, ciascuna progettata per animali e ambienti specifici. Alcune delle trappole più comunemente usate includono trappole, trappole mortali e trappole a gabbia.

Le trappole sono trappole semplici ma efficaci realizzate con filo o corda resistente. Vengono generalmente utilizzati per catturare piccoli animali come conigli e scoiattoli. Una trappola di base è costituita da un anello che si stringe attorno all'animale quando vi entra. Per posizionare una trappola, è necessario identificare le tracce degli animali o le tane in cui è probabile che passi l'animale bersaglio. Posiziona la trappola a un'altezza che corrisponda al collo o al corpo dell'animale, assicurandoti che faccia scattare la trappola quando l'animale la attraversa. È importante fissare saldamente la trappola a un oggetto robusto come un albero o un paletto per impedire all'animale di scappare.

Le cadute mortali sono un altro tipo comune di trappola utilizzata per catturare la piccola selvaggina. Una trappola mortale prevede un oggetto pesante, come una roccia o un tronco, che cade e schiaccia l'animale quando viene attivato. Una delle trappole mortali più semplici è la trappola a forma di quattro, che utilizza una configurazione a bastoncino dentellato per mantenere il peso in posizione. Quando l'animale disturba l'innesco innescato, il peso cade, intrappolando l'animale sotto. I deadfall richiedono un'attenta costruzione per garantire che funzionino correttamente e in modo umano.

Le trappole a gabbia, sebbene più complesse, sono efficaci per catturare animali vivi senza danneggiarli. Queste trappole hanno tipicamente una porta che si chiude quando l'animale entra, attirato dall'esca posta all'interno. Le trappole a gabbia sono utili per catturare animali come procioni, opossum e conigli. Consentono la possibilità di rilasciare incolumi animali non bersaglio, il che rappresenta un vantaggio significativo in alcune situazioni di sopravvivenza.

Oltre alla cattura, la caccia alla piccola selvaggina è un'abilità vitale. La caccia richiede una partecipazione più attiva e prevede l'uso di armi come fionde, archi e armi da fuoco. Ogni arma ha la propria serie di vantaggi e sfide, a seconda dell'ambiente e delle risorse disponibili.

Le fionde sono semplici, leggere ed efficaci per cacciare piccoli animali come uccelli e scoiattoli. Richiedono pratica per essere padroneggiati, ma possono essere realizzati con materiali naturali trovati nella natura selvaggia. La chiave per usare una fionda è la precisione e la capacità di avvicinarsi silenziosamente al bersaglio senza spaventarlo. Mira alla testa o agli organi vitali per garantire un'uccisione rapida e umana.

Gli archi, compresi gli archi lunghi tradizionali e gli archi compositi moderni, sono armi versatili per la caccia a una varietà di selvaggina. Offrono una portata maggiore rispetto alle fionde e possono essere utilizzate anche per cacciare animali più grandi. Il tiro con l'arco richiede abilità e pratica significative, in particolare nel mirare e tendere l'arco silenziosamente. Le frecce dovrebbero essere scelte con attenzione in base al tipo di selvaggina da cacciare, con le punte da caccia adatte per animali più grandi e le punte da campo per selvaggina più piccola.

Le armi da fuoco, come fucili e fucili da caccia, sono molto efficaci per la caccia alla piccola selvaggina, ma richiedono un'attenta manipolazione e la conoscenza dei protocolli di sicurezza. Offrono il vantaggio della portata e del potere d'arresto, rendendo più facile la caccia alla selvaggina a distanza. Tuttavia, l'uso delle armi da fuoco in situazioni di sopravvivenza è spesso limitato dalla disponibilità di munizioni e dalla necessità di una manutenzione regolare. È fondamentale essere abili nel tiro e comprendere le normative locali relative all'uso delle armi da fuoco in natura.

Indipendentemente dal metodo utilizzato, la caccia richiede una profonda conoscenza del comportamento e degli habitat degli animali. Sapere dove trovare la piccola selvaggina e come si comporta nei diversi momenti della giornata e delle stagioni è essenziale. Ad esempio, i conigli sono spesso più attivi all'alba e al tramonto, mentre gli scoiattoli sono più attivi al mattino presto e nel tardo pomeriggio. Osservare questi schemi ti aiuta a posizionarti nel posto giusto al momento giusto.

Furtività e pazienza sono attributi chiave per una caccia di successo. Gli animali hanno un senso acuto dell'olfatto, della vista e dell'udito, quindi è importante muoversi silenziosamente e rimanere sottovento rispetto al bersaglio. Indossare abiti che si mimetizzano con l'ambiente e mascherare il proprio odore può aumentare le possibilità di avvicinarsi alla selvaggina. Inoltre, l'utilizzo di coperture naturali come cespugli e alberi per nascondere i tuoi movimenti aiuta a evitare il rilevamento.

Elaborare correttamente la selvaggina dopo una caccia riuscita è un'altra abilità importante. Ciò include la pulizia e la preparazione dell'animale per la cucina, garantendo che nessuna parte vada sprecata. La preparazione sul campo prevede la rimozione degli organi interni per prevenirne il deterioramento, mentre la scuoiatura prepara la carne per la cottura o la conservazione. Comprendere queste tecniche ti assicura di poter sfruttare al massimo le risorse per cui hai lavorato duramente.

L'etica e la legalità svolgono un ruolo significativo nella cattura e nella caccia. Seguire sempre le normative locali e ottenere i permessi necessari per le attività di caccia e cattura. Le pratiche di caccia etiche garantiscono che l'animale venga ucciso in modo umano e che la popolazione rimanga sostenibile. La caccia eccessiva può esaurire le risorse della fauna selvatica, quindi è essenziale raccogliere solo ciò di cui hai bisogno e rispettare l'equilibrio naturale.

Catturare e cacciare la piccola selvaggina sono abilità vitali per la sopravvivenza nella natura selvaggia, poiché forniscono una fonte affidabile di cibo quando le altre risorse scarseggiano. Imparare a posizionare trappole come trappole, trappole mortali e gabbie, oltre a padroneggiare l'uso di armi come fionde, archi e armi da fuoco, aumenta la tua autosufficienza. Comprendere il comportamento degli animali, praticare la furtività e la pazienza e gestire correttamente la selvaggina sono componenti essenziali per una caccia di successo. Dai sempre priorità alla sicurezza, all'etica e alla sostenibilità nelle tue pratiche di cattura e caccia per garantire un rapporto equilibrato e rispettoso con la natura.

Tecniche e attrezzi da pesca

La pesca è un'abilità inestimabile per chiunque pratichi il bushcraft o sopravviva nella natura selvaggia. Fornisce una fonte affidabile di proteine e nutrienti essenziali, che possono essere cruciali per mantenere la forza e la salute. Comprendere le varie tecniche di pesca e gli attrezzi necessari per i diversi tipi di corpi idrici migliorerà la tua capacità di procurarti cibo in modo efficace.

La pesca può essere praticata in una varietà di ambienti, inclusi fiumi, laghi, stagni e oceani. Ogni tipo di corpo idrico richiede tecniche e attrezzature specifiche per massimizzare le possibilità di successo. Uno degli aspetti fondamentali della pesca è sapere quali tipi di pesci sono disponibili nella tua zona e le loro abitudini, come gli orari di alimentazione e gli habitat preferiti.

Nei fiumi e nei torrenti, il flusso dell'acqua gioca un ruolo significativo nel comportamento dei pesci. I pesci spesso si riuniscono in sezioni a movimento più lento dove possono risparmiare energia pur avendo accesso al cibo portato dalla corrente. La pesca a mosca è un metodo popolare in questi ambienti, soprattutto per catturare specie come trote e salmoni. Questa tecnica utilizza mosche artificiali leggere che imitano gli insetti che tipicamente mangiano i pesci. Il pescatore utilizza una canna da mosca e una lenza specializzate per lanciare la mosca con precisione sulla superficie dell'acqua. La chiave per avere successo nella pesca a mosca è padroneggiare la tecnica di lancio e imparare a leggere l'acqua per identificare dove è probabile che si trovino i pesci.

Per fiumi e torrenti un'altra tecnica efficace è la pesca con esche. Questo metodo prevede l'uso di esche vive, come vermi, insetti o piccoli pesci, per attirare pesci più grandi. Una configurazione semplice include una canna da pesca, un mulinello, una lenza e degli ami. L'aggiunta di un piombino aiuta a mantenere l'esca vicino al fondo, dove molti pesci si nutrono. Puoi anche usare le esche, ovvero esche artificiali progettate per imitare il movimento e l'aspetto della preda. Spinner e cucchiai sono esche comuni per la pesca fluviale, poiché il loro movimento e il loro riflesso nell'acqua possono attirare i pesci a distanza.

La pesca nel lago presenta diverse sfide e opportunità. I pesci nei laghi spesso hanno più spazio per muoversi e la loro posizione può cambiare in base a fattori come la temperatura dell'acqua e i livelli di ossigeno. Una tecnica efficace per la pesca sul lago consiste nell'utilizzare una barca da pesca per raggiungere le acque più profonde dove tendono a risiedere i pesci più grandi. La traina è un metodo popolare nei laghi, che prevede il trascinamento di una lenza o di un'esca dietro una barca in movimento. Questa tecnica copre un'area più ampia e può attirare pesci come spigole, walleye e lucci.

Anche la pesca da riva nei laghi può essere produttiva, soprattutto se ti concentri su aree con strutture come rocce, alberi caduti o vegetazione dove i pesci potrebbero cercare riparo. Lanciare con esche artificiali o esche dalla riva può aiutarti a raggiungere questi punti. La pesca con il galleggiante è un altro metodo utile, in cui un galleggiante o un galleggiante mantiene l'esca a una profondità specifica, rendendo più facile vedere quando un pesce abbocca.

La pesca negli stagni è simile alla pesca nei laghi, ma su scala ridotta. Gli stagni hanno spesso un'abbondante vegetazione, che fornisce l'habitat a varie specie di pesci. Tecniche semplici come la pesca con esche con vermi o insetti possono essere molto efficaci. La pesca nello stagno in genere non richiede attrezzature specializzate; sarà sufficiente una configurazione base di canna, mulinello e lenza con pochi ami e platine. Osservare la superficie per rilevare eventuali segni di attività dei pesci, come schizzi o salti, può guidarti verso punti di pesca produttivi.

La pesca oceanica, o pesca in acqua salata, introduce ulteriori complessità dovute alla vastità e alla profondità dell'oceano. La pesca dalla riva, nota come pesca con il surf, prevede il lancio di esche o esche nella zona di surf dove le onde si infrangono sulla spiaggia. Gli obiettivi comuni per la pesca con il surf includono specie come la spigola, la passera e lo sgombro. È fondamentale utilizzare attrezzature per carichi pesanti progettate per resistere agli effetti corrosivi dell'acqua salata. Le opzioni di esca per la pesca con il surf includono gamberetti, calamari e pesce tagliato.

La pesca d'altura, condotta da barche lontane dalla riva, consente ai pescatori di pescare specie più grandi e diverse come tonni, marlin e squali. Questo tipo di pesca richiede attrezzature specializzate, tra cui canne robuste, mulinelli e lenze pesanti in grado di sopportare la forza di pesci di grandi dimensioni. Tecniche come la traina con esche di grandi dimensioni o l'uso di esche vive possono essere molto efficaci per attirare pesci di grossa taglia. La pesca d'altura richiede anche una buona conoscenza della navigazione e della sicurezza, nonché la conoscenza del comportamento dei pesci in oceano aperto.

Indipendentemente dal tipo di specchio d'acqua, ci sono pezzi essenziali dell'attrezzatura che ogni pescatore dovrebbe avere. Una canna da pesca e un mulinello affidabili sono fondamentali. I mulinelli da spinning sono versatili e facili da usare, il che li rende una buona scelta per i principianti. La canna dovrebbe essere adatta al tipo di pesca che intendi fare, tenendo conto di lunghezza, flessibilità e resistenza in base alla specie bersaglio e all'ambiente di pesca.

La lenza è disponibile in vari materiali, tra cui monofilamento, fluorocarburo e lenze intrecciate. Il monofilo è il più comune e versatile, adatto alla maggior parte delle situazioni di pesca. Il fluorocarbonio è quasi invisibile sott'acqua, il che lo rende ideale per acque limpide e pesci diffidenti. Le linee intrecciate offrono resistenza e sensibilità superiori, rendendole adatte per coperture pesanti e pesca d'altura.

Gli ami sono disponibili in molte dimensioni e forme, scelti in base alla dimensione dell'esca e del pesce bersaglio. Gli ami circolari sono eccellenti per la pesca catch-and-release poiché tendono ad agganciare il pesce in bocca, riducendo gli infortuni. Gli ami a J sono tradizionali e versatili, utilizzati in molti scenari di pesca. Avere una varietà di dimensioni e tipi di ami ti assicura di essere preparato per diverse condizioni di pesca.

Un'altra attrezzatura essenziale include i piombi, che aggiungono peso alla lenza, aiutando a lanciare più lontano e a mantenere l'esca alla profondità desiderata. Bobber o galleggianti sono utili per mantenere l'esca sospesa nella colonna d'acqua e rilevare le abboccate. Anche una scatola per gli attrezzi per organizzare e riporre la tua attrezzatura è importante, poiché mantiene tutto accessibile e protetto.

Oltre agli attrezzi da pesca, è fondamentale comprendere le normative locali e ottenere le licenze di pesca necessarie. Sono in vigore leggi sulla pesca per garantire la sostenibilità delle popolazioni ittiche e proteggere l'ambiente. Rispetta sempre i limiti di cattura, le restrizioni sulle dimensioni e le chiusure stagionali per contribuire agli sforzi di conservazione.

Le tecniche e gli attrezzi da pesca variano ampiamente a seconda del tipo di corpo idrico e delle specie bersaglio. Padroneggiando diversi metodi come la pesca a mosca, la pesca con esca, la pesca alla traina e la pesca d'altura e utilizzando l'attrezzatura adeguata, puoi catturare efficacemente i pesci in fiumi, laghi, stagni e oceani. La conoscenza del comportamento dei pesci, delle normative locali e delle pratiche di sicurezza migliorerà il tuo successo e garantirà un approccio sostenibile alla pesca nella natura selvaggia.

CAPITOLO 7

Legatura dei nodi e lavoro con la corda

Nodi essenziali per Bushcraft

Fare nodi e lavorare con la corda sono abilità fondamentali nel bushcraft, poiché ti consentono di proteggere rifugi, creare strumenti ed eseguire vari compiti in modo efficiente e sicuro. Tre nodi essenziali per il bushcraft sono il nodo a forma di 8, il nodo della bolina e il nodo della linea tesa. Ognuno di questi nodi ha caratteristiche uniche e applicazioni pratiche che li rendono indispensabili nella natura selvaggia.

Il nodo a figura 8 è un nodo fondamentale noto per la sua forza e semplicità. Viene spesso utilizzato come nodo di arresto per evitare che le corde scivolino attraverso fori o attrezzature. Per fare un nodo a forma di 8, inizia formando un cappio nella corda. Passare l'estremità di lavoro della corda sopra la parte in piedi, poi attorno e sotto di essa. Infine, infila l'estremità di lavoro attraverso l'anello, creando una forma che assomigli al numero otto. Questo nodo è particolarmente utile per arrampicarsi, fissare l'attrezzatura e creare anelli che possono essere facilmente sciolti anche dopo aver supportato carichi pesanti.

Un'applicazione pratica del nodo a figura 8 è nel fissare le corde a un'imbracatura da arrampicata. Gli alpinisti utilizzano un nodo a forma di 8 per legare le corde alle imbracature perché è facile controllarne la correttezza e rimane sicuro sotto tensione. Nel bushcraft, puoi utilizzare questo nodo per creare un anello per attaccare una corda a un moschettone, che può poi essere utilizzato per fissare l'attrezzatura o creare un sistema di carrucole improvvisato. Inoltre, il nodo a forma di 8 può essere utilizzato per evitare che l'estremità di una corda si sfilacci legandola vicino all'estremità, garantendo l'integrità della corda.

Il nodo dell'amaca è un altro nodo essenziale nel bushcraft, noto per creare un anello fisso all'estremità di una corda. Viene spesso definito il "re dei nodi" per la sua affidabilità e versatilità. Per fare un nodo con la gassa d'amante, fai un piccolo cappio nella corda, lasciando abbastanza coda per il cappio. Passa l'estremità di lavoro attraverso l'anello dalla parte inferiore, poi attorno alla parte verticale della corda e di nuovo giù attraverso l'anello. Stringere il nodo tirando la parte in piedi e il cappio. Il nodo della gassa non scivola né si lega, rendendolo facile da sciogliere anche dopo aver sopportato un peso significativo.

Nelle applicazioni pratiche del bushcraft, il nodo dell'amaca ha un valore inestimabile per creare anelli sicuri che possono essere utilizzati per vari scopi. Ad esempio, puoi utilizzare un nodo della gassa d'amaca per fissare una corda attorno a un albero o altri punti di ancoraggio quando allestisci un rifugio o un'amaca. L'anello fisso creato dal nodo della gassa d'amante assicura che la corda rimanga sicura senza scivolare, fornendo un ancoraggio stabile. Inoltre, il nodo della gassa è utile per le operazioni di salvataggio, poiché può essere legato attorno alla vita o al corpo di una persona per creare un anello sicuro per sollevarla o abbassarla in sicurezza.

Il nodo teso è un nodo regolabile versatile utilizzato per tensionare le corde. È particolarmente utile per montare tende, teloni e altri ripari, poiché consente di regolare la tensione senza rifare il nodo. Per realizzare un nodo teso, inizia avvolgendo l'estremità di lavoro della corda attorno a un oggetto fisso, come il picchetto di una tenda. Quindi, fai due avvolgimenti attorno alla parte verticale della corda, facendo passare l'estremità di lavoro sotto se stessa su ogni avvolgimento. Infine, fai un ulteriore avvolgimento attorno alla parte in piedi, questa volta facendo passare l'estremità di lavoro su se stessa, e stringi il nodo tirando l'estremità di lavoro e la parte in piedi.

Nel bushcraft, l'attacco della linea tesa è essenziale per creare linee regolabili per tende e teloni. Quando allestisci un rifugio, puoi utilizzare questo nodo per fissare i tiranti ai picchetti della tenda, permettendoti di regolare facilmente la tensione per mantenere il rifugio teso e stabile. L'attacco a linea tesa è utile anche per fissare carichi su zaini o altri attrezzi, poiché consente di tendere la corda e mantenere il carico sicuro senza la necessità di ulteriori nodi o regolazioni.

Comprendere questi nodi essenziali e le loro applicazioni è fondamentale per chiunque pratichi il bushcraft. Fare i nodi è un'abilità che migliora con la pratica ed è importante diventare abili nel fare questi nodi in modo rapido e preciso. Oltre al nodo a 8, al nodo dell'amaca e al nodo della linea tesa, ci sono molti altri nodi che possono essere utili in situazioni specifiche, come il nodo quadrato, il nodo barcaiolo e il nodo del camionista. Tuttavia, padroneggiare questi tre nodi fornirà una solida base per la maggior parte delle attività di bushcraft.

Quando si pratica la legatura dei nodi, è utile utilizzare un pezzo di corda e seguire le istruzioni o i diagrammi passo passo. Inizia legando ogni nodo lentamente, prestando attenzione a ogni passaggio per garantire la precisione. Una volta acquisita dimestichezza con i passaggi di base, esercitati a fare i nodi più rapidamente e in diversi scenari, ad esempio in condizioni di scarsa illuminazione o con i guanti, per simulare le condizioni del mondo reale.

Oltre a fare i nodi, per il bushcraft è importante comprendere i materiali e la cura della corda. Le corde sono realizzate con vari materiali, comprese fibre naturali come la canapa e fibre sintetiche come nylon e poliestere. Ogni materiale ha i suoi vantaggi e svantaggi, come robustezza, flessibilità e resistenza all'acqua e all'abrasione. È importante scegliere la corda giusta per le proprie esigenze specifiche e prendersi cura delle corde mantenendole pulite, asciutte e prive di danni.

Conservare e mantenere correttamente le corde ne prolungherà la durata e garantirà che funzionino in modo affidabile quando necessario. Evitare di esporre le corde a prodotti chimici aggressivi o alla luce solare prolungata, poiché questi possono indebolire le fibre. Ispeziona regolarmente le corde per rilevare segni di usura o danni, come sfilacciature o tagli, e sostituisci tutte le corde che mostrano un'usura significativa per evitare guasti durante l'uso.

Padroneggiare nodi essenziali come il nodo a forma di 8, il nodo della bolina e l'attacco della linea tesa è fondamentale per il successo del bushcraft. Questi nodi forniscono soluzioni affidabili e versatili per proteggere ripari, attrezzature e svolgere varie attività nella natura selvaggia. Praticando regolarmente i nodi e comprendendo i materiali e la cura della corda, puoi migliorare le tue abilità nel bushcraft e assicurarti di essere preparato per qualsiasi situazione che potrebbe verificarsi in natura.

Usi della corda nella costruzione di rifugi e nell'artigianato del campo

La corda è uno degli strumenti più versatili ed essenziali nel bushcraft, in particolare nella costruzione di rifugi e in vari compiti del campo. Capire come utilizzare la corda in modo efficace può fare una differenza significativa in termini di sicurezza, comfort ed efficienza della tua esperienza nella natura selvaggia. Esistono numerosi modi per utilizzare la corda nella costruzione di rifugi e nello svolgimento di altre attività del campo, e padroneggiare queste tecniche è fondamentale per chiunque si avventuri nella natura selvaggia.

Uno degli usi principali della corda nella costruzione di rifugi è per fissare e stabilizzare le strutture. Quando si costruisce un rifugio, come una tenda in tela cerata o una tettoia, viene utilizzata una corda per legare insieme i pali o i rami di supporto. Ciò garantisce che la struttura del rifugio sia robusta e possa resistere a elementi ambientali come vento e pioggia. Ad esempio, in una tenda con telo, le corde vengono utilizzate per creare linee di colmo, che fungono da supporto principale per il telo. La linea di colmo è tipicamente legata tra due alberi e il telo è drappeggiato su di essa, creando un riparo sicuro e stabile. Il nodo del filo teso è particolarmente utile in questo contesto, poiché permette di regolare facilmente la tensione delle corde per mantenere il telo teso e stabile.

Oltre a fissare la struttura, la corda viene utilizzata anche per ancorare i rifugi al suolo. I tiranti, che sono corde fissate agli angoli o ai bordi del rifugio, sono fissati nel terreno per fornire ulteriore stabilità. Ciò impedisce al rifugio di crollare o essere spazzato via da forti venti. I tiranti adeguatamente tensionati possono fare una differenza significativa nella stabilità complessiva e nella durata di un rifugio, garantendo che rimanga sicuro anche in condizioni meteorologiche avverse.

La corda è essenziale anche per creare vari tipi di nodi e ancoraggi utilizzati nella costruzione di rifugi. Le legature sono tecniche utilizzate per legare insieme pali o rami, creando una struttura solida e stabile. Ad esempio, l'ancoraggio quadrato viene comunemente utilizzato per unire due pali ad angolo retto, formando una connessione forte e sicura. L'ancoraggio diagonale viene utilizzato per legare insieme due pali quando si incrociano ad angolo. Queste tecniche sono fondamentali per costruire strutture più complesse, come telai per capanne di detriti o piattaforme rialzate per dormire.

Oltre alla costruzione di rifugi, la corda ha numerose applicazioni in altri compiti del campo. Un uso comune è la creazione di fili da bucato per asciugare indumenti e attrezzature bagnati. Legando un pezzo di corda tra due alberi o altri supporti, puoi creare un filo di asciugatura semplice ed efficace. Ciò aiuta a mantenere asciutti i vestiti e le attrezzature, riducendo il rischio di ipotermia e aumentando il comfort nella natura selvaggia.

La corda è preziosa anche per sollevare cibo e attrezzature fuori dalla portata della fauna selvatica. Nelle aree in cui sono presenti orsi o altri animali, è importante conservare il cibo e gli oggetti profumati lontano dalla zona notte per evitare di attirare visitatori indesiderati. Una tecnica comune consiste nell'utilizzare un bear hang, in cui il cibo e gli attrezzi vengono posti in una borsa e issati su un albero utilizzando una corda. Ciò mantiene gli oggetti al sicuro dagli animali e impedisce che diventino fastidiosi o pericolosi.

Oltre a questi usi, la corda può essere utilizzata per creare strumenti e attrezzature improvvisati. Ad esempio, è possibile utilizzare una corda per creare una trappola semplice ma efficace per intrappolare la piccola selvaggina. Legando un anello alla corda e posizionandolo in un percorso di caccia, puoi creare una trappola che cattura gli animali mentre passano. Questa tecnica è utile per integrare la tua scorta di cibo nella natura selvaggia.

La corda può essere utilizzata anche per creare un set di punte ad arco per l'accensione del fuoco. Il trapano ad arco è un metodo tradizionale di accensione del fuoco per attrito e richiede un arco costituito da un ramo flessibile e un pezzo di corda. La corda è fissata alle estremità dell'arco e avvolta attorno al perno, consentendoti di creare attrito muovendo l'arco avanti e indietro. Questo genera calore e alla fine accende un fascio di esca, fornendo un metodo affidabile di accensione del fuoco.

Un altro uso importante della corda nelle imbarcazioni da campo è la creazione di rifugi di emergenza e dispositivi di segnalazione. In una situazione di sopravvivenza, la corda può essere utilizzata per costruire un rifugio di emergenza rapido ed efficace, come un semplice riparo in tela cerata o una tettoia. Inoltre, la corda può essere utilizzata per creare dispositivi di segnalazione, come bandiere o segnalatori, per attirare l'attenzione dei soccorritori.

Inoltre, la corda è essenziale per effettuare riparazioni su attrezzi e attrezzature. Nella natura selvaggia, l'attrezzatura può danneggiarsi o usurarsi e avere una corda a portata di mano consente di effettuare le riparazioni necessarie. Ad esempio, se la cinghia di uno zaino si rompe, è possibile utilizzare un pezzo di corda per creare una cinghia sostitutiva, consentendoti di continuare il viaggio senza interruzioni. La corda può essere utilizzata anche per riparare teloni, tende e indumenti danneggiati, garantendo che la tua attrezzatura rimanga funzionale e affidabile.

In termini di sicurezza, la corda è fondamentale per realizzare linee e imbracature di salvataggio. Se un membro del tuo gruppo si ferisce o ha bisogno di assistenza per attraversare un terreno difficile, è possibile utilizzare la corda per creare un'imbracatura improvvisata o una linea di salvataggio. Ciò consente di assistere l'individuo in modo sicuro e protetto, garantendo la sua sicurezza e il suo benessere. Inoltre, la corda può essere utilizzata per creare linee di sicurezza quando si attraversa un terreno ripido o scivoloso, fornendo un ulteriore livello di sicurezza.

La corda è uno strumento essenziale per creare vari tipi di nodi e intoppi utilizzati in un'ampia gamma di attività del campo. Nodi come il nodo barcaiolo, il gancio del camionista e la bolina sono indispensabili per fissare i carichi, fissare i teloni e creare collegamenti sicuri tra corde e altri oggetti. Padroneggiare questi nodi e le loro applicazioni è fondamentale per chiunque pratichi il bushcraft, poiché forniscono soluzioni affidabili e versatili per un'ampia gamma di attività.

La corda è uno strumento inestimabile nel bushcraft, con una moltitudine di usi nella costruzione di rifugi e nelle imbarcazioni da campeggio. Dalla messa in sicurezza dei rifugi, alla creazione di ancoraggi, al sollevamento di cibo e attrezzature e alle riparazioni di emergenza, la corda fornisce soluzioni essenziali per un'ampia gamma di attività nella natura selvaggia. Comprendendo le varie applicazioni della corda e padroneggiando nodi e tecniche essenziali, puoi migliorare le tue abilità nel bushcraft e assicurarti un'esperienza sicura, confortevole ed efficiente nella natura.

Nodi avanzati per applicazioni specifiche

I nodi avanzati sono cruciali per vari scenari di bushcraft, offrendo versatilità e affidabilità per diversi compiti. Comprendere questi nodi e le loro applicazioni specifiche può migliorare notevolmente le tue abilità nel bushcraft e garantire sicurezza ed efficienza nella natura selvaggia. Esploriamo alcuni nodi avanzati e come possono essere utilizzati efficacemente nel bushcraft.

Uno dei nodi avanzati più versatili è il nodo a farfalla alpino. Questo nodo è particolarmente utile quando è necessario creare un anello fisso al centro di una corda. È comunemente usato per creare appigli o anelli per i piedi quando si sale o si scende su terreni ripidi. Il nodo a farfalla alpino è ottimo anche per isolare un tratto di corda danneggiato, permettendoti di continuare ad utilizzare la corda senza compromettere la sicurezza. Per fare questo nodo, forma un cappio nella corda, lo gira due volte, quindi tira la parte centrale del cappio attraverso la torsione inferiore, creando un cappio sicuro che può sopportare il peso da più direzioni.

Un altro importante nodo avanzato è il nodo Prusik. Questo attacco a frizione è prezioso per l'arrampicata, le operazioni di salvataggio e il fissaggio dei carichi. Il nodo Prusik può scivolare lungo una corda quando non è sotto carico ma aderisce saldamente quando viene applicato il peso. Ciò lo rende ideale per creare anelli regolabili su una linea di cresta per l'installazione di un rifugio o per l'autosoccorso in situazioni di arrampicata. Per realizzare un nodo Prusik, è necessario un cappio di corda avvolto tre volte attorno alla corda principale, con le estremità fatte passare attraverso il cappio e tese. Questo crea un nodo che può scivolare quando viene spinto ma rimane fermo sotto tensione.

Il doppio nodo del pescatore è un altro nodo avanzato essenziale per il bushcraft. Questo nodo viene utilizzato per unire insieme due corde in modo sicuro. È particolarmente utile per estendere la lunghezza di una corda o creare anelli per vari scopi. Il doppio nodo del pescatore è noto per la sua forza e affidabilità. Per fare questo nodo, prendi le estremità di due corde e avvolgi ciascuna estremità attorno all'altra corda due volte, quindi fai passare le estremità attraverso gli anelli creati e stringi. Questo forma un nodo compatto e sicuro difficile da sciogliere, anche sotto carico pesante.

La bolina su un'ansa è una variazione del nodo standard della bolina che crea un anello sicuro al centro di una corda senza bisogno di accedere alle estremità. Questo nodo è utile per creare un anello stabile che può essere utilizzato per operazioni di salvataggio, fissaggio di carichi o allestimento di rifugi. Per fare questo nodo, crea un'ansa (una piega) nella corda, forma un cappio con l'ansa, quindi fai passare l'estremità dell'ansa attraverso l'anello, attorno alla parte in piedi della corda, e indietro attraverso l'anello. . Questo crea un anello stabile che è facile da sciogliere dopo l'uso.

Il nodo dell'acqua è un altro nodo avanzato particolarmente utile per creare anelli con cinghie o corde piatte, comunemente utilizzati in scenari di arrampicata e salvataggio. Il nodo ad acqua è ideale per realizzare asole sicure per l'ancoraggio o la creazione di imbracature. Per fare questo nodo, inizi facendo un semplice nodo sopra la mano a un'estremità della fettuccia, quindi fai passare l'altra estremità attraverso il nodo nella direzione opposta, seguendo lo stesso percorso della prima estremità.

Ciò crea un nodo sicuro sotto carico e facile da ispezionare per motivi di sicurezza.

Per le situazioni che richiedono una tensione regolabile, l'attacco a linea tesa è una scelta eccellente. Questo nodo è utile per creare anelli regolabili che possono essere stretti o allentati facilmente. È particolarmente utile per montare tende, teloni o qualsiasi situazione in cui sia necessario regolare la tensione su una corda. Per realizzare un nodo teso, avvolgi l'estremità della corda attorno a un paletto o a un altro punto di ancoraggio, quindi fai due anelli attorno alla parte verticale della corda, seguiti da un anello all'esterno dei primi due. Questo crea un nodo che può scivolare per regolare la tensione ma rimane fermo sotto carico.

L'attacco del camionista è un nodo molto efficace per fissare i carichi e creare tensione. È comunemente usato per legare gli attrezzi sui veicoli, allestire rifugi e altre attività che richiedono una presa salda e sicura. Per legare un gancio da camionista, crea un anello al centro della corda, quindi fai passare l'estremità libera attraverso l'anello e attorno a un punto di ancoraggio. Tirando indietro l'estremità libera attraverso l'anello, puoi creare una tensione significativa prima di legarlo con un nodo sicuro, come un mezzo nodo.

Il nodo successivo a forma di otto è un nodo essenziale per creare un anello sicuro all'estremità di una corda, spesso utilizzato nelle operazioni di arrampicata e di salvataggio. Questo nodo è particolarmente forte e affidabile, rendendolo ideale per situazioni in cui la sicurezza è fondamentale. Per fare questo nodo, si inizia con un semplice nodo a otto, quindi si infila l'estremità libera della corda attraverso un'imbracatura o un punto di ancoraggio e si segue il percorso del nodo originale a otto, creando un doppio anello sicuro. e facile da ispezionare.

L'ancoraggio quadrato è un'altra tecnica avanzata utilizzata per legare insieme pali o rami ad angolo retto. Questo è fondamentale per costruire strutture per rifugi, zattere o altre strutture nella natura selvaggia. Per legare un'ancoraggio quadrato, inizi facendo un nodo barcaiolo attorno a uno dei pali, quindi intreccia la corda sopra e sotto i pali in uno schema quadrato, terminando con un nodo barcaiolo sul palo opposto. Ciò crea una connessione sicura e stabile che può sopportare un peso significativo.

Il gancio per legname è un nodo essenziale per trascinare o sollevare tronchi e oggetti pesanti. Questo nodo è semplice da fare e sciogliere, anche dopo aver sopportato un carico pesante. Per legare un nodo di legno, avvolgi l'estremità della corda attorno al tronco, quindi attorciglia l'estremità attorno alla parte verticale della corda tre volte, tirandola forte. Questo crea un nodo che si stringe sotto carico ma può essere facilmente rilasciato quando necessario.

Comprendere e padroneggiare questi nodi avanzati può migliorare significativamente la tua capacità di gestire in modo efficace vari scenari di bushcraft. Che tu stia allestendo un rifugio, fissando carichi, arrampicandoti o eseguendo operazioni di salvataggio, questi nodi forniscono soluzioni affidabili e versatili. Esercitati a fare questi nodi regolarmente per assicurarti di poterli eseguire in modo rapido e preciso quando necessario, migliorando la tua sicurezza ed efficienza nella natura selvaggia.

CAPITOLO 8

Navigazione naturale e orientamento

Utilizzo dei segni naturali per la direzione

Navigare utilizzando i segni naturali è un'abilità vitale nel bushcraft, che ti consente di trovare la strada senza fare affidamento su strumenti moderni come bussole o dispositivi GPS. Capire come utilizzare il sole, le stelle e le ombre per orientarsi può migliorare notevolmente la tua autosufficienza e la tua sicurezza nella natura selvaggia.

Il sole è uno degli strumenti naturali più affidabili per la navigazione. Durante il giorno, il sole viaggia dall'orizzonte orientale a quello occidentale. Osservando la sua posizione nel cielo è possibile determinare le direzioni cardinali. Al mattino il sole sorge a est. Intorno a mezzogiorno, è tipicamente diretto a sud nell'emisfero settentrionale e verso nord nell'emisfero meridionale. Nel tardo pomeriggio tramonta a ovest. Questo schema coerente può aiutarti a stabilire un senso generale dell'orientamento durante il giorno.

Un metodo efficace per utilizzare il sole come direzione è il metodo del bastoncino d'ombra. Trova un bastone dritto e posizionalo verticalmente nel terreno, in modo che proietti un'ombra. Segna la punta dell'ombra con una piccola pietra o un altro oggetto. Attendi circa 15-30 minuti, quindi segna la punta della nuova ombra. Disegna una linea retta tra i due segni. Questa linea corre all'incirca da est a ovest, con il primo segno che indica ovest e il secondo segno che indica est. Stando con il primo segno (ovest) alla tua sinistra e il secondo segno (est) alla tua destra, sarai rivolto a nord.

Anche le ombre stesse sono utili. Al mattino, le ombre puntano a ovest. Con l'avanzare della giornata si accorciano e si spostano verso nord, mentre nel pomeriggio si allungano e puntano verso est. Osservare questi cambiamenti può darti indizi sulla direzione del tuo viaggio.

Di notte, le stelle forniscono ottimi aiuti alla navigazione. La Stella Polare, o Polare, è la più importante per trovare la direzione nell'emisfero settentrionale. Si trova quasi direttamente sopra il Polo Nord e rimane quasi stazionario nel cielo, rendendolo un indicatore affidabile del vero nord. Per trovare Polaris, individua la costellazione dell'Orsa Maggiore. Le due stelle all'estremità della coppa dell'Orsa Maggiore, chiamate stelle puntatore, formano una linea che punta direttamente alla Stella Polare. Una volta trovata la Polare, puoi determinare il nord e orientarti di conseguenza.

Nell'emisfero australe, trovare il vero sud è più difficile poiché non esiste una stella luminosa come la Stella Polare. Tuttavia, puoi utilizzare la costellazione della Croce del Sud. Questa costellazione a forma di croce punta verso il polo celeste sud. Per individuarlo, identifica la Croce del Sud e prolunga una linea immaginaria dal suo asse lungo verso l'orizzonte. Questa linea punta verso sud. Un altro metodo prevede l'uso dei puntatori, che sono due stelle luminose vicino alla Croce del Sud. Prolungando una linea perpendicolare al punto medio degli indici si trova il polo sud celeste.

La luna può anche aiutare nella navigazione. Come il sole, la luna sorge a est e tramonta a ovest. Tuttavia, la posizione della luna nel cielo cambia di notte, rendendola meno affidabile del sole o delle stelle. Durante le sue varie fasi, la Luna può fornire una guida direzionale. Ad esempio, se la luna è una falce, i punti della mezzaluna (le corna) indicano approssimativamente una linea verso il sole. Se sai se la luna sta crescendo (crescendo) o calando (rimpicciolendosi), puoi stimare la direzione del sole. Quando la luna è crescente, la parte illuminata punta verso il sole che tramonta a ovest. Quando sta tramontando, la parte illuminata punta verso il sole nascente a est.

Anche i punti di riferimento e gli elementi del terreno sono utili per la navigazione naturale. Montagne, fiumi e altri elementi importanti possono aiutarti a orientarti. Ad esempio, i fiumi tipicamente scorrono in discesa e spesso in una direzione prevedibile a seconda della topografia della regione. Comprendendo la disposizione generale del paesaggio, puoi utilizzare queste caratteristiche naturali per orientarti.

Piante e alberi possono offrire indizi sulla direzione. Nell'emisfero settentrionale, il muschio spesso cresce più spesso sul lato nord degli alberi, dove è più ombreggiato e più fresco. Questa tendenza è invertita nell'emisfero australe. Gli alberi possono anche avere una crescita maggiore sul lato rivolto al sole, che può indicare il sud nell'emisfero settentrionale e il nord nell'emisfero meridionale. Osservare i modelli di crescita della vegetazione può fornire ulteriori suggerimenti sul tuo orientamento.

Comprendere i modelli meteorologici è un altro aspetto della navigazione naturale. I sistemi meteorologici generalmente si spostano da ovest a est alle medie latitudini. Riconoscere la direzione da cui si avvicinano i modelli meteorologici può aiutarti a determinare le direzioni cardinali. Anche l'andamento del vento può essere indicativo; ad esempio, i venti dominanti in alcune regioni spesso soffiano da una direzione costante.

Anche il movimento delle nuvole e la presenza di alcuni tipi di nuvole possono aiutare la navigazione. Ad esempio, i cumulonembi si formano spesso nel pomeriggio e possono indicare la direzione dei venti dominanti. L'osservazione del movimento delle nuvole può fornire ulteriori informazioni sulla direzione e sulle condizioni meteorologiche.

Nei paesaggi aperti, come i deserti o le pianure, l'assenza di punti di riferimento evidenti può rendere difficoltosa la navigazione. In questi ambienti può essere utile prestare attenzione a segnali sottili, come la direzione delle dune di sabbia o l'allineamento delle formazioni rocciose. Inoltre, il comportamento degli animali a volte può indicare la direzione. Gli uccelli spesso volano verso le fonti d'acqua al mattino e alla sera e le tracce degli animali possono condurti in questi luoghi.

Le stesse fonti d'acqua possono fungere da aiuti alla navigazione. Fiumi e torrenti solitamente scorrono verso corpi d'acqua più grandi, come laghi o oceani. Seguendo la direzione del flusso dell'acqua, spesso è possibile trovare la strada verso quote più basse e aree potenzialmente abitate.

Padroneggiare le tecniche di navigazione naturale richiede pratica e osservazione. Dedica del tempo a familiarizzare con questi metodi in un ambiente sicuro prima di fare affidamento su di essi in una situazione di sopravvivenza. Esercitati a trovare la direzione utilizzando il sole, le stelle e le ombre e osserva come i segni naturali cambiano con le stagioni e le condizioni meteorologiche.

Comprendendo e applicando queste tecniche di navigazione naturale, potrai orientarti con sicurezza nella natura selvaggia, migliorando le tue abilità nel bushcraft e garantendo la tua sicurezza e autosufficienza. Queste competenze hanno un valore inestimabile per chiunque trascorra del tempo nella natura, fornendo una connessione più profonda con l'ambiente e un maggiore apprezzamento per il mondo naturale.

Navigazione con Mappe e Bussola

Navigare con mappe e bussole è un'abilità fondamentale per chiunque si avventuri nella natura selvaggia. Questi strumenti ti aiutano a individuare la tua posizione, pianificare il percorso e assicurarti di raggiungere la tua destinazione in sicurezza.

Capire come usarli in modo efficace può aumentare notevolmente la tua sicurezza e autosufficienza in natura.

Una mappa è una rappresentazione visiva di un'area, che mostra varie caratteristiche come terreno, corpi idrici, vegetazione e strutture artificiali. Le mappe topografiche sono particolarmente utili nel bushcraft poiché raffigurano l'elevazione e i contorni del paesaggio, fornendo una prospettiva tridimensionale su una superficie bidimensionale. Imparare a leggere queste mappe è fondamentale per una navigazione precisa.

Inizia familiarizzando con la legenda e la scala della mappa. La legenda spiega i simboli e i colori utilizzati sulla mappa, come i diversi tipi di vegetazione, corpi idrici e linee di elevazione. La scala indica il rapporto tra la distanza sulla mappa e la distanza effettiva sul terreno. Ad esempio, una scala 1:24.000 significa che un pollice sulla mappa rappresenta nella realtà 24.000 pollici. Comprendere la scala ti aiuta a stimare accuratamente le distanze.

Successivamente, comprendi le linee di contorno su una mappa topografica. Queste linee collegano punti di uguale altitudine, illustrando la forma e la pendenza del terreno. Le linee di contorno ravvicinate indicano terreni ripidi, mentre le linee ampiamente distanziate suggeriscono pendii più dolci. Il riconoscimento di questi modelli consente di visualizzare colline, valli, creste e altre forme del territorio, aiutando nella pianificazione del percorso.

Una bussola è uno strumento essenziale per determinare la direzione. È costituito da un ago magnetico che si allinea con il campo magnetico terrestre, puntando verso il nord magnetico. Una bussola ha tipicamente una piastra di base, una lunetta girevole con indici di gradi e una freccia di orientamento. Per utilizzare una bussola in modo efficace, è importante comprendere il concetto di declinazione, che è l'angolo tra il nord magnetico e il nord geografico. Questo angolo varia a seconda della tua posizione e potrebbe essere necessario regolare di conseguenza la bussola per garantire una navigazione accurata.

Per iniziare a utilizzare insieme una mappa e una bussola, inizia orientando la mappa. Posiziona la mappa su una superficie piana e usa la bussola per allinearla con il nord. Ruota la mappa finché il suo nord non si allinea con il nord dell'ago della bussola. Ciò garantisce che la mappa sia orientata correttamente rispetto al mondo reale, facilitando l'identificazione dei punti di riferimento e la pianificazione del percorso.

Successivamente, identifica la tua posizione attuale sulla mappa. Cerca elementi riconoscibili come fiumi, montagne o strutture create dall'uomo e abbinali a ciò che vedi intorno a te. Questo processo, noto come "associazione del terreno", ti aiuta a individuare con precisione la tua posizione.

Una volta che conosci la tua posizione, puoi pianificare il tuo percorso. Scegli una destinazione e identifica una serie di tappe lungo il percorso. Questi waypoint sono punti intermedi che guidano il tuo percorso e ti aiutano a rimanere sulla strada giusta. Segna questi punti di passaggio sulla mappa e annota il loro rilevamento approssimativo.

Per navigare verso un punto di passaggio, utilizza la bussola per individuare la direzione. Posiziona la bussola sulla mappa con il bordo che collega la tua posizione corrente al punto di passaggio. Ruotare la lunetta finché le linee di orientamento sulla bussola non si allineano con le linee della griglia nord-sud della mappa. Il rilevamento indicato sulla lunetta è la direzione in cui devi viaggiare. Tieni la bussola a livello davanti a te e ruota il corpo finché l'ago magnetico non si allinea con la freccia di orientamento. La freccia della direzione del viaggio sulla bussola ora punta verso il punto di passaggio.

Mentre cammini, controlla periodicamente la bussola per assicurarti di rimanere sulla rotta. Utilizza punti di riferimento riconoscibili per confermare i tuoi progressi e, se necessario, regolare la direzione. Nelle fitte foreste o sui terreni impegnativi, può essere utile utilizzare i "corrimano": elementi lineari come fiumi, sentieri o crinali che corrono paralleli al percorso. Queste funzionalità forniscono un riferimento affidabile per mantenerti sulla buona strada.

Oltre ai rilevamenti, puoi utilizzare la triangolazione per verificare la tua posizione. La triangolazione implica l'orientamento verso due o più punti di riferimento noti dalla tua posizione. Per fare ciò, punta la bussola verso il primo punto di riferimento e annota il rilevamento. Traccia una linea sulla mappa dal punto di riferimento lungo questa direzione. Ripeti la procedura per il secondo punto di riferimento. Il punto in cui le linee si intersecano è la tua posizione approssimativa. La triangolazione può aumentare la tua fiducia nella tua posizione, soprattutto in aree sconosciute.

Durante la navigazione prestare sempre attenzione ai potenziali ostacoli e pericoli. Presta attenzione al terreno e modifica il percorso secondo necessità per evitare aree difficili o pericolose. Se incontri un fiume, una scogliera o una fitta vegetazione, prendi in considerazione percorsi alternativi per raggiungere i tuoi punti di passaggio in sicurezza.

È anche importante esercitarsi a "mirare fuori" quando si naviga verso un punto specifico, come un incrocio di sentieri o un campeggio. Invece di mirare direttamente al tuo bersaglio, mira deliberatamente leggermente di lato. In questo modo, quando raggiungerai l'elemento, saprai in quale direzione girare per trovare il tuo obiettivo. Ad esempio, se miri a destra di un incrocio di un sentiero, saprai di svoltare a sinistra una volta raggiunto il sentiero per trovare l'incrocio.

Nelle aree con scarsa visibilità, come fitte foreste o in condizioni meteorologiche avverse, è fondamentale mantenere un rilevamento accurato. In tali condizioni, è possibile utilizzare una tecnica chiamata "conteggio del passo" per misurare le distanze. Il conteggio del passo implica il conteggio del numero di passi effettuati su una distanza nota, in genere 100 metri. Tenendo traccia dei tuoi passi, puoi stimare la distanza percorsa e assicurarti di rimanere sulla rotta.

Aggiorna regolarmente la tua posizione sulla mappa man mano che avanzi. Confermare la tua posizione nei punti chiave del percorso aiuta a evitare di perdersi e ti consente di modificare i tuoi piani, se necessario. Se ti senti disorientato, fermati e rivaluta l'ambiente circostante. Usa la mappa, la bussola e tutti i punti di riferimento disponibili per ristabilire la tua posizione prima di continuare.

Esercitare le competenze su mappa e bussola in un ambiente sicuro è essenziale per acquisire sicurezza e competenza. Inizia con brevi viaggi in aree familiari e mettiti gradualmente alla prova con percorsi più complessi e terreni sconosciuti. Più ti eserciti, più intuitive diventeranno queste abilità, migliorando le tue abilità generali nel bushcraft.

Navigare con mappe e bussole è un'abilità fondamentale per l'esplorazione della natura selvaggia. Comprendendo come leggere le mappe topografiche, utilizzare una bussola e applicare tecniche come l'orientamento, la triangolazione e il conteggio del passo, puoi navigare con precisione e sicurezza. Queste abilità non solo migliorano la tua sicurezza e autosufficienza, ma approfondiscono anche la tua connessione con il mondo naturale, permettendoti di esplorare e apprezzare la natura selvaggia con maggiore consapevolezza e comprensione.

Sfide ed esercizi di orientamento

Migliorare le capacità di orientamento attraverso esercizi pratici e sfide è essenziale per chiunque voglia diventare esperto nella navigazione nella natura selvaggia. Questi esercizi ti aiutano ad acquisire sicurezza e a sviluppare una comprensione più profonda di come utilizzare mappe, bussole e segnali naturali per la navigazione. Praticando in vari ambienti e in condizioni diverse, puoi affinare le tue abilità ed essere preparato per qualsiasi situazione che potresti incontrare in natura.

Un esercizio efficace consiste nel creare una serie di punti di passaggio in un'area familiare, come un parco locale o una riserva naturale. Inizia scegliendo diversi punti di riferimento facilmente identificabili, come un grande albero, una formazione rocciosa o una curva distinta in un sentiero. Contrassegna questi punti di passaggio sulla mappa e annota le loro coordinate o posizioni approssimative. Usando la bussola, rileva l'orientamento verso ciascun punto di passaggio e traccia un percorso che li collega. Mentre navighi da un punto di passaggio al successivo, concentrati sul mantenimento di un rilevamento accurato e sull'utilizzo dell'associazione del terreno per confermare la tua posizione. Questo esercizio ti aiuta a esercitarti a rilevare l'orientamento, a seguire la direzione della bussola e a verificare la tua posizione utilizzando la mappa.

Un'altra sfida preziosa è navigare utilizzando solo i segni naturali, come il sole, le stelle e le ombre. Questo esercizio è particolarmente utile per sviluppare un senso intuitivo dell'orientamento e diventare più in sintonia con l'ambiente circostante. Durante il giorno, utilizza la posizione del sole per determinare le direzioni cardinali. Al mattino il sole sorge ad est, mentre al pomeriggio tramonta ad ovest. Le ombre possono anche fornire indizi direzionali; ad esempio, le ombre proiettate da alberi o rocce possono aiutarti a stimare il nord e il sud. Di notte, usa le stelle per trovare la strada. La Stella Polare, situata nella costellazione dell'Orsa

Minore, è un indicatore affidabile del vero nord nell'emisfero settentrionale. Esercitati a navigare su brevi distanze utilizzando questi segni naturali per acquisire sicurezza e comprensione della navigazione celeste.

Un esercizio più avanzato consiste nell'utilizzare la triangolazione per individuare la tua posizione su una mappa. Scegli tre punti di riferimento importanti visibili dalla tua posizione attuale, come il picco di una montagna, una grande collina e un edificio caratteristico. Individua la direzione di ciascun punto di riferimento utilizzando la bussola e traccia delle linee sulla mappa da ciascun punto di riferimento lungo i rispettivi rilevamenti. Il punto in cui queste linee si intersecano è la tua posizione approssimativa. Questa tecnica, nota come resezione, ti aiuta a esercitarti a rilevare rilevamenti accurati e migliora la tua capacità di determinare la tua posizione utilizzando una mappa e una bussola.

Per mettere alla prova le tue capacità di conteggio del ritmo, organizza un percorso con distanze note segnalate. Inizia misurando una sezione di 100 metri di sentiero o terreno aperto e segna i punti di inizio e fine. Percorri la distanza più volte, contando ogni volta i passi per determinare il numero medio di passi ogni 100 metri. Ripeti questo esercizio su diversi tipi di terreno, come in salita, in discesa e su terreno irregolare, per capire come può variare il conteggio del tuo ritmo. Una volta ottenuto un conteggio affidabile del passo, utilizzalo per misurare le distanze durante la navigazione di un percorso. Questa pratica ti aiuta a stimare le distanze in modo più accurato e migliora la tua capacità di rimanere sulla rotta.

Una caccia al tesoro di orientamento è un modo divertente e coinvolgente per esercitare le tue abilità di orientamento. Crea un elenco di elementi o posizioni da trovare all'interno di un'area designata, ad esempio tipi specifici di piante, caratteristiche naturali o strutture create dall'uomo. Segna queste posizioni sulla mappa e annota la loro posizione e distanza approssimativa. Mentre navighi verso ciascun elemento dell'elenco, utilizza la mappa e la bussola per rimanere sulla strada e verificare la tua posizione. Questo esercizio ti incoraggia a pensare in modo critico al tuo percorso, ad apportare le modifiche necessarie e ad acquisire maggiore familiarità con il terreno.

Anche praticare in condizioni meteorologiche diverse è importante per sviluppare resilienza e adattabilità. Prova a navigare sotto la pioggia, la nebbia o la neve per sperimentare come queste condizioni possono influenzare la visibilità e il terreno. Usa la mappa e la bussola per mantenere l'orientamento e presta attenzione a come i punti di riferimento e i segnali naturali possono apparire diversi in varie condizioni meteorologiche. Questa pratica ti aiuta a sviluppare strategie per affrontare ambienti difficili e ti assicura di essere preparato per un'ampia gamma di scenari.

Gli esercizi di gruppo possono essere molto utili per migliorare le capacità di orientamento, poiché consentono di imparare dagli altri e acquisire nuove prospettive. Organizza una sfida di navigazione di gruppo in cui ogni partecipante, a turno, indica la strada verso una serie di punti di passaggio. In qualità di leader, usa la mappa e la bussola per guidare il gruppo e spiegare le tue decisioni e osservazioni. Come follower, osserva le tecniche del leader e fornisci feedback. Questo approccio collaborativo favorisce un ambiente di apprendimento favorevole e consente a tutti di condividere le proprie conoscenze ed esperienze.

Partecipare ad eventi o gare di orienteering organizzati è un altro ottimo modo per migliorare le tue abilità. Questi eventi in genere comportano la navigazione di un percorso con più punti di controllo, utilizzando una mappa e una bussola per trovarli ciascuno nel più breve tempo possibile. Competere contro altri e navigare su terreni sconosciuti può aiutarti a perfezionare le tue tecniche, migliorare la tua velocità e precisione e acquisire fiducia nelle tue capacità.

Rivedere e riflettere regolarmente sulle tue esperienze di navigazione è fondamentale per il miglioramento continuo. Dopo ogni esercizio o sfida, prenditi del tempo per valutare cosa è andato bene e identificare le aree di crescita. Considera l'idea di tenere un diario di navigazione in cui annotare i percorsi, le osservazioni e le lezioni apprese. Questa pratica ti aiuta a monitorare i tuoi progressi, identificare modelli e sviluppare strategie per superare le difficoltà.

L'integrazione della tecnologia, come i dispositivi GPS e le app per smartphone, può integrare le tradizionali competenze di cartografia e bussola. Esercitati a utilizzare questi strumenti per navigare e confrontare i risultati con metodi manuali. Sebbene la tecnologia possa essere utile, assicurati sempre di mantenere la padronanza delle tecniche di navigazione di base, poiché i dispositivi elettronici possono guastarsi o rimanere senza energia in aree remote.

Insegnare agli altri è un modo potente per rafforzare le tue capacità. Condividi le tue conoscenze ed esperienze con amici, familiari o altri appassionati di outdoor. Condurre esercizi o workshop di navigazione ti aiuta a consolidare la tua comprensione e offre l'opportunità di restituire qualcosa alla comunità.

Migliorare le abilità di orientamento richiede pratica regolare attraverso una varietà di esercizi e sfide. Navigando con mappe e bussole, utilizzando i segni naturali, triangolando le posizioni, contando i passi, partecipando a cacce al tesoro e affrontando diverse condizioni meteorologiche, puoi sviluppare solide basi nella navigazione nella natura selvaggia. Le attività di gruppo, gli eventi organizzati e l'insegnamento ad altri migliorano ulteriormente le tue capacità e aumentano la fiducia. Con dedizione e pratica, puoi diventare esperto nell'orienteering e goderti la libertà e la fiducia in te stesso che derivano dalla navigazione nei grandi spazi aperti.

CAPITOLO 9

Pronto soccorso nella natura selvaggia

Lesioni e malattie comuni nella natura selvaggia

Nella natura selvaggia, le persone spesso affrontano vari infortuni e malattie a causa dell'ambiente difficile e imprevedibile. Capire come gestire queste situazioni è fondamentale per la sicurezza e la sopravvivenza. Conoscere le lesioni e le malattie più comuni nella natura selvaggia, insieme ai relativi trattamenti, aiuta a garantire la possibilità di affrontare efficacemente questi problemi quando si presentano.

Tagli e graffi sono tra le lesioni più comuni nella natura selvaggia. Possono verificarsi da oggetti appuntiti come rocce, rami o strumenti. Il primo passo nel trattamento di tagli e graffi è pulire accuratamente la ferita con acqua pulita per rimuovere sporco e detriti. Utilizzare una salvietta o una soluzione antisettica per disinfettare l'area, quindi applicare una benda o una medicazione sterile per proteggere la ferita dalle infezioni. È importante cambiare regolarmente la medicazione e tenere d'occhio i segni di infezione, come arrossamento, gonfiore o pus.

Le vesciche, soprattutto ai piedi, sono un altro problema comune per escursionisti e campeggiatori. Le vesciche si formano a causa dell'attrito, spesso causato da scarpe inadeguate o da una camminata prolungata. Per trattare una vescica, pulisci l'area con un antisettico e, se la vescica non è troppo grande o dolorosa, è meglio lasciarla intatta per prevenire l'infezione. Coprilo con un blister o una benda per ridurre l'attrito. Se la vescica è grande e dolorosa, puoi sterilizzare un ago e forare con attenzione il bordo per drenare il liquido, evitando però di rimuovere la pelle sovrastante. Dopo aver drenato, pulire l'area e applicare una benda.

Distorsioni e stiramenti si verificano frequentemente a causa del terreno irregolare e dell'attività fisica. Una distorsione è una lesione ai legamenti, mentre uno stiramento colpisce i muscoli o i tendini. Il trattamento consigliato è il metodo RICE: Riposo, Ghiaccio, Compressione ed Elevazione. Appoggiare l'arto ferito, applicare ghiaccio avvolto in un panno per intervalli di 20 minuti per ridurre il gonfiore, utilizzare un bendaggio compressivo per sostenere la lesione e sollevare l'arto sopra il livello del cuore. Gli antidolorifici da banco possono aiutare a gestire il dolore e l'infiammazione.

Fratture e lussazioni sono lesioni più gravi che possono verificarsi nella natura selvaggia. Una frattura è un osso rotto, mentre una lussazione avviene quando un osso viene costretto a fuoriuscire dalla sua articolazione. Se sospetti una frattura o una lussazione, immobilizza l'area interessata utilizzando una stecca o qualsiasi materiale rigido che possa stabilizzare l'arto. Evitare di provare a riallineare l'osso o l'articolazione. Applicare il ghiaccio per ridurre il gonfiore e cercare aiuto medico il prima possibile. Se la lesione è grave e l'assistenza medica professionale non è immediatamente disponibile, potrebbe essere necessario creare una stecca improvvisata con rami, vestiti o altri materiali disponibili per trasportare la persona ferita in sicurezza.

Le ustioni possono derivare da fuochi da campo, attrezzature da cucina calde o dal sole. Per ustioni minori, raffreddare la zona con acqua corrente per almeno 10 minuti, quindi coprirla con una benda sterile e antiaderente. Evita di applicare il ghiaccio direttamente sull'ustione, poiché potrebbe causare ulteriori danni ai tessuti. Per ustioni più gravi, raffredda l'area il più possibile, coprila con un panno pulito e consulta un medico. Le scottature possono essere prevenute indossando indumenti protettivi, utilizzando creme solari e rimanendo all'ombra durante le ore di punta del sole. Se si verifica una scottatura solare, bere molta acqua, utilizzare aloe vera o creme idratanti per lenire la pelle ed evitare un'ulteriore esposizione al sole.

Ipotermia e congelamento sono rischi in ambienti freddi. L'ipotermia si verifica quando il corpo perde calore più velocemente di quanto possa produrlo, portando a temperature corporee pericolosamente basse. I sintomi includono brividi, confusione, difficoltà di parola e perdita di coordinazione. Per trattare l'ipotermia, spostare la persona in un luogo più caldo, rimuovere eventuali indumenti bagnati e avvolgerla in coperte calde e asciutte. Fornire bevande calde e analcoliche se sono coscienti. Il congelamento colpisce le estremità, come le dita delle mani, dei piedi, le orecchie e il naso. Le aree colpite diventano insensibili, pallide e dure. Per trattare il congelamento, riscaldare gradualmente l'area interessata utilizzando il calore corporeo o acqua tiepida (mai calda), evitare di strofinare o massaggiare l'area e consultare un medico.

L'esaurimento da calore e il colpo di calore sono preoccupazioni negli ambienti caldi. Il colpo di calore è causato dalla disidratazione e dall'esposizione prolungata alle alte temperature. I sintomi includono sudorazione abbondante, debolezza, vertigini, nausea e mal di testa. Per trattare l'esaurimento da calore, spostati in un luogo più fresco, bevi molta acqua e riposa. Applicare panni freschi e bagnati sulla pelle. Il colpo di calore è una condizione più grave in cui la regolazione della temperatura corporea fallisce, portando a temperatura corporea elevata, stato mentale alterato e potenziale perdita di coscienza. Il colpo di calore è un'emergenza medica e il raffreddamento immediato è essenziale. Spostare la persona in un luogo fresco, rimuovere gli indumenti in eccesso e raffreddarli con acqua o impacchi di ghiaccio durante l'attesa dei servizi medici di emergenza.

La disidratazione è un problema comune nelle zone selvagge a causa dello sforzo fisico e dell'esposizione agli elementi. I sintomi includono sete, secchezza delle fauci, urine scure e vertigini. Per prevenire la disidratazione, bevi acqua regolarmente durante il giorno, anche se non hai sete. In caso di disidratazione, riposarsi in una zona ombreggiata e bere frequentemente piccoli sorsi d'acqua. Soluzioni elettrolitiche o sali di reidratazione orale possono aiutare a ricostituire i minerali persi.

Morsi e punture di insetti possono causare irritazioni, reazioni allergiche e, in alcuni casi, trasmettere malattie. Per trattare morsi e punture, pulire l'area con acqua e sapone, applicare un impacco freddo per ridurre il gonfiore e utilizzare antistaminici o crema all'idrocortisone per alleviare il prurito. Se sai di avere gravi reazioni allergiche, porta con te un autoiniettore di epinefrina (EpiPen) e sappi come usarlo. In caso di punture di api o vespe, rimuovere il pungiglione raschiandolo con un oggetto piatto, non schiacciandolo, poiché potrebbe rilasciare più veleno.

Malattie gastrointestinali, come diarrea e intossicazione alimentare, possono derivare da cibo o acqua contaminati. Per prevenire queste malattie, praticare una buona igiene, cuocere accuratamente il cibo e purificare l'acqua prima di berla. Se avverti sintomi gastrointestinali, mantieniti idratato bevendo molta acqua purificata e considera l'utilizzo di soluzioni di reidratazione orale. Evitare di mangiare cibi solidi fino alla scomparsa dei sintomi.

Il mal di montagna si verifica ad altitudini elevate a causa dei bassi livelli di ossigeno. I sintomi includono mal di testa, nausea, vertigini e mancanza di respiro. Per prevenire il mal di montagna, salire gradualmente, rimanere idratati ed evitare attività faticose. Se si sviluppano sintomi, scendere a un'altitudine inferiore e riposare. Nei casi più gravi, consultare un medico.

I morsi di serpente possono essere una seria preoccupazione in alcune aree selvagge. Se vieni morso da un serpente, mantieni la calma ed evita di muovere l'arto colpito per rallentare la diffusione del veleno. Mantenere il morso sotto il livello del cuore e rimuovere eventuali indumenti stretti o gioielli vicino al morso. Non cercare di aspirare il veleno o di applicare un laccio emostatico. Rivolgersi immediatamente al medico.

Comprendere le lesioni e le malattie più comuni nella natura selvaggia, insieme ai relativi trattamenti, è essenziale per chiunque si avventuri nella natura selvaggia. Essendo preparato e informato, puoi gestire efficacemente queste situazioni e garantire la tua sicurezza e il tuo benessere nella natura selvaggia.

Elementi essenziali del kit di pronto soccorso di base

Un kit di pronto soccorso ben preparato è fondamentale per gestire lesioni e malattie che possono verificarsi durante l'esplorazione dei grandi spazi aperti. Comprendere gli elementi essenziali di un kit di questo tipo e il loro utilizzo garantisce di essere pronti ad affrontare una varietà di situazioni mediche.

Uno dei componenti più importanti di un kit di pronto soccorso sono le bende adesive. Sono disponibili in varie dimensioni e vengono utilizzati per coprire piccoli tagli, graffi e vesciche, mantenendoli puliti e protetti dalle infezioni. Oltre a questi, per le ferite più grandi sono necessari garze sterili e nastro adesivo. I tamponi di garza possono assorbire sangue e liquidi, mentre il nastro aiuta a fissarli in posizione. Per fissare le medicazioni sulle articolazioni o su altre aree difficili, le bende elastiche sono utili poiché forniscono compressione e supporto, in particolare in caso di distorsioni e stiramenti.

Le salviette e gli unguenti antisettici sono fondamentali per pulire le ferite. Aiutano a prevenire l'infezione uccidendo batteri e altri agenti patogeni che possono entrare attraverso la pelle rotta. Dopo la pulizia è possibile applicare una pomata antibiotica per proteggere ulteriormente dalle infezioni e favorire la guarigione. Inoltre, avere un disinfettante per le mani nel kit ti garantisce di poterle pulire prima di trattare qualsiasi lesione, riducendo il rischio di contaminazione.

Le pinzette sono uno strumento essenziale per rimuovere schegge, zecche e altri oggetti estranei incastonati nella pelle. È importante sterilizzare le pinzette prima dell'uso per evitare l'introduzione di batteri nella ferita. Allo stesso modo, le forbici sono fondamentali per tagliare garze, nastri o indumenti lontano da una ferita. Scegli un paio con punte arrotondate per evitare lesioni accidentali durante l'utilizzo in situazioni di emergenza.

Un termometro digitale è importante per monitorare la temperatura corporea, che può aiutare a diagnosticare febbre o ipotermia. Avere queste informazioni può guidare le decisioni su ulteriori cure mediche o sulla necessità di cercare aiuto. Sono essenziali anche gli antidolorifici, come l'ibuprofene o il paracetamolo. Aiutano a gestire il dolore causato da lesioni e possono ridurre la febbre, mettendo il paziente più a suo agio.

I tamponi anti-puntura di insetti o la crema all'idrocortisone possono alleviare il prurito e il gonfiore causati da punture e punture di insetti. Questi sono particolarmente utili per prevenire ulteriori irritazioni o graffi che possono portare a infezioni. Gli antistaminici sono un'altra inclusione importante, poiché possono aiutare a gestire le reazioni allergiche, derivanti da punture di insetti, contatto con le piante o altri allergeni incontrati nella natura selvaggia.

Un manuale di primo soccorso è una risorsa preziosa, soprattutto se non sei altamente qualificato nelle procedure di primo soccorso. Questa guida fornisce istruzioni su come utilizzare gli articoli del kit e gestire diverse emergenze mediche. È una buona idea familiarizzare con il manuale prima di iniziare la tua avventura in modo da poter trovare rapidamente le informazioni necessarie in caso di emergenza.

I guanti, preferibilmente non in lattice, sono fondamentali per proteggere sia il paziente che l'assistente dai fluidi corporei e ridurre il rischio di infezione. È necessario indossare guanti monouso durante il trattamento di ferite o malattie per mantenere un ambiente sterile. Se stai affrontando un infortunio grave o una malattia, avere una visiera per RCP nel tuo kit può salvarti la vita. Questo dispositivo consente di eseguire la respirazione artificiale in sicurezza, riducendo il rischio di trasmissione di infezioni tra te e il paziente.

Una coperta spaziale, nota anche come coperta di emergenza, è un elemento essenziale per prevenire l'ipotermia. Queste coperte leggere e riflettenti trattengono il calore corporeo e sono utili nel trattamento dello shock. Possono anche fungere da rifugio improvvisato in caso di una notte inaspettata nella natura selvaggia.

L'idratazione è fondamentale, soprattutto se stai trattando qualcuno con diarrea o vomito. I sali per la reidratazione orale possono essere un vero toccasana, aiutando a sostituire i liquidi e gli elettroliti persi. Questi sono particolarmente importanti per prevenire la disidratazione e mantenere le funzioni essenziali del corpo.

Un fischietto d'emergenza è un'altra preziosa aggiunta al tuo kit di pronto soccorso. In caso di smarrimento o di necessità di segnalare aiuto, un fischio può essere udito a una distanza molto maggiore di un grido. È uno strumento semplice ma efficace per garantire la sicurezza.

Un multiutensile è un oggetto versatile che può servire a vari scopi in un kit di pronto soccorso. In genere include un coltello, un cacciavite e altri strumenti che possono essere utili per tagliare bende, stecche o preparare il cibo. Avere un multiutensile affidabile significa essere meglio preparati per una serie di situazioni che potrebbero verificarsi nella natura selvaggia.

Per coloro che si avventurano in aree in cui sono presenti serpenti velenosi, un kit per morsi di serpente può essere un elemento importante. Questi kit generalmente contengono un dispositivo di aspirazione per rimuovere il veleno dalla ferita e istruzioni per gestire i morsi di serpente fino a quando non si ottiene assistenza medica. Sebbene non sostituiscano le cure mediche professionali, possono essere utili per gestire la situazione immediatamente dopo un morso.

Anche le forniture per il trattamento delle ustioni sono fondamentali per un kit di pronto soccorso completo. Ciò include gel per ustioni o medicazioni che possono raffreddare e proteggere l'area ustionata, riducendo il dolore e il rischio di infezione. Le ustioni possono verificarsi a causa di fuochi da campo, attrezzature da cucina o anche per una prolungata esposizione al sole, quindi è essenziale essere preparati a trattarle.

Se tu o qualcuno nel tuo gruppo soffrite di condizioni mediche specifiche, è importante includere i farmaci e le informazioni mediche necessarie nel vostro kit di pronto soccorso. Ad esempio, se qualcuno è allergico alle punture di api, dovrebbe essere incluso un autoiniettore di epinefrina (EpiPen). È inoltre consigliabile portare con sé una scheda informativa medica dettagliata che elenchi eventuali allergie, condizioni mediche e informazioni di contatto di emergenza.

Un piccolo specchio può essere uno strumento utile in un kit di pronto soccorso nella natura selvaggia. Può essere utilizzato per segnalare aiuto, verificare eventuali lesioni in punti difficili da vedere o anche come aiuto per l'inserimento delle lenti a contatto. Sebbene possa sembrare un oggetto minore, può svolgere molteplici funzioni importanti in una situazione di emergenza.

Il nastro adesivo è un articolo versatile ed essenziale in qualsiasi kit di pronto soccorso nella natura selvaggia. Può essere utilizzato per fissare stecche, effettuare riparazioni temporanee agli attrezzi o anche come benda di emergenza. La sua resistenza e durata lo rendono prezioso per un'ampia gamma di usi sul campo.

Un kit di pronto soccorso ben attrezzato comprende bende adesive, garze sterili, salviette antisettiche, pinzette, forbici, un termometro digitale, antidolorifici, tamponi per alleviare le punture di insetti, antistaminici, un manuale di pronto soccorso, guanti, una visiera per RCP, un coperta spaziale, sali per la reidratazione orale, un fischietto di emergenza, un multiutensile, un kit per morsi di serpente, forniture per il trattamento delle ustioni, farmaci specifici per qualsiasi condizione nota, un piccolo specchio e nastro adesivo. Questi articoli ti aiutano a garantire che tu sia pronto a gestire una serie di emergenze mediche, mantenendo te e i tuoi compagni sani e salvi mentre esplorate la natura selvaggia.

Tecniche di segnalazione di emergenza e procedure di salvataggio

Segnalare aiuto e comprendere le procedure di salvataggio sono competenze fondamentali quando ci si avventura nella natura selvaggia. Sapere come comunicare in modo efficace la necessità di assistenza può fare la differenza tra un salvataggio rapido e una situazione prolungata e potenzialmente pericolosa.

Uno dei modi più semplici ed efficaci per chiedere aiuto è con un fischio. Un fischio può essere udito a una distanza molto maggiore di una voce umana. Il segnale di soccorso standard è di tre brevi segnali. Questo schema, ripetuto a intervalli regolari, è ampiamente riconosciuto come una richiesta di aiuto. È essenziale portare con sé un fischietto che sia forte e che possa funzionare in varie condizioni meteorologiche.

Un altro strumento di segnalazione comune è uno specchio. Uno specchio di segnalazione può riflettere la luce solare per attirare l'attenzione dei soccorritori. Per usarlo, allinea lo specchio in modo che la luce solare si rifletta sulla sua superficie e punta la luce riflessa verso il bersaglio previsto, come un aereo di passaggio o un soccorritore distante. Praticare questa tecnica prima del viaggio può facilitarne l'uso efficace in caso di emergenza.

Se si dispone di una torcia o di una lampada frontale, può essere utilizzata anche per la segnalazione, soprattutto di notte. Simile al fischio, tre brevi lampi seguiti da una pausa costituiscono il segnale di soccorso universale. Le luci luminose e lampeggianti hanno maggiori probabilità di essere notate al buio, aumentando le possibilità di essere viste.

I segnali di fumo sono un altro metodo tradizionale per attirare l'attenzione. Durante il giorno, un fuoco con foglie verdi o legna umida produrrà un fumo bianco e denso, visibile da lontano. Di notte, il bagliore di un fuoco è visibile e può guidare i soccorritori verso la tua posizione. Prestare sempre attenzione quando si utilizza il fuoco e assicurarsi che sia contenuto in modo sicuro per evitare incendi.

Indumenti o materiali dai colori vivaci possono essere utilizzati per creare segnali visivi. Stendere un telo o una giacca dai colori vivaci o anche disporre rocce o rami in uno schema chiaro come un SOS può renderti più visibile dall'alto o dai soccorritori di terra distanti. La chiave è utilizzare materiali che contrastino nettamente con l'ambiente naturale.

Se hai accesso a un telefono cellulare o satellitare, può essere il collegamento più diretto ai servizi di soccorso. Assicurati che il tuo telefono sia completamente carico prima di partire per la natura selvaggia e valuta la possibilità di portare con te un caricabatterie portatile. Nelle aree prive di segnale cellulare, un telefono satellitare o un localizzatore personale (PLB) può trasmettere la posizione e il segnale di soccorso ai soccorritori via satellite.

Comprendere le procedure corrette quando sai che i soccorritori ti stanno cercando è altrettanto importante. Rimani in un posto se ti perdi o ti infortuni, a meno che restare lì non rappresenti un pericolo immediato. Muoversi può rendere più difficile per i soccorritori trovarti. Rimanendo nello stesso punto, risparmi energia e risorse e i soccorritori potranno localizzarti più facilmente.

Se senti o vedi una squadra di ricerca o un aereo, renditi il più visibile possibile. Sventola abiti dai colori vivaci o usa il fischietto o lo specchio per attirare l'attenzione. Evita di nasconderti sotto il fogliame fitto o in aree in cui potresti non essere facilmente visto dall'alto. Aree aperte o alture sono luoghi ideali in cui attendere i soccorritori.

Una volta individuato, segui le istruzioni fornite dai soccorritori. Se ti segnalano di spostarti in un determinato luogo, fallo con attenzione, assicurandoti di non esporti a ulteriori rischi. È essenziale comunicare chiaramente ai soccorritori le tue condizioni e eventuali lesioni che tu o i tuoi compagni potreste avere.

Se sei in gruppo, assicurati che tutti stiano insieme. Un gruppo è più facile da individuare rispetto a un individuo e stare insieme garantisce che tutti ricevano aiuto allo stesso tempo. Usa il tempo extra per costruire un segnale più consistente, come un grande cartello SOS o AIUTO realizzato con rocce, rami o qualsiasi altro materiale disponibile.

In alcune situazioni, potresti dover assistere i soccorritori fornendo le coordinate della tua posizione. Sapere come utilizzare un dispositivo GPS o la funzionalità GPS di uno smartphone può essere prezioso. Acquisisci familiarità con come accedere e trasmettere le tue coordinate in modo accurato.

Essere mentalmente preparati per una situazione di salvataggio è importante quanto avere gli strumenti giusti. Mantieni la calma e la concentrazione, conserva le energie e mantieni la mente occupata con pensieri positivi. Il panico può portare a un processo decisionale inadeguato e allo spreco di energie preziose.

È anche utile lasciare un programma di viaggio dettagliato a qualcuno prima di addentrarsi nella natura selvaggia. Questo piano dovrebbe includere il percorso previsto, la durata prevista ed eventuali punti di riferimento o punti di passaggio significativi. Nel caso in cui non ritorni come previsto, queste informazioni possono guidare i soccorritori verso la tua probabile posizione in modo più efficiente.

Per coloro che esplorano frequentemente aree remote, frequentare un corso di primo soccorso e sopravvivenza nella natura selvaggia può fornire competenze e conoscenze preziose. Questi corsi spesso includono esercizi pratici sulla segnalazione di aiuto, sulla gestione degli infortuni e sulla comprensione dei protocolli di soccorso, offrendoti un'esperienza pratica che può essere cruciale in caso di emergenza.

La preparazione e la pratica sono componenti chiave di un'efficace segnalazione di emergenza e di procedure di salvataggio. Dotandosi degli strumenti giusti, esercitandosi nel loro utilizzo e capendo come rispondere quando arrivano i soccorsi, aumenterai le possibilità di un salvataggio di successo. La natura selvaggia è imprevedibile, ma con conoscenza e preparazione puoi affrontare le emergenze con maggiore fiducia e sicurezza.

CAPITOLO 10

Etica e sostenibilità di Bushcraft

Principi di non lasciare traccia in Bushcraft

I principi Leave No Trace sono linee guida essenziali per chiunque pratichi il bushcraft, poiché aiutano a garantire che le nostre interazioni con la natura selvaggia abbiano un impatto minimo sull'ambiente. Questi principi promuovono pratiche outdoor responsabili e sostenibili che proteggono le risorse naturali e preservano la bellezza della natura selvaggia per le generazioni future.

Il primo principio di Leave No Trace è pianificare in anticipo e prepararsi. Ciò significa ricercare l'area che intendi visitare, comprendere le norme e i regolamenti e anticipare potenziali sfide. Una corretta pianificazione aiuta a ridurre al minimo gli impatti imprevisti, come la creazione di un campeggio in un'area fragile o l'esaurimento delle scorte e il ricorso a pratiche non sostenibili.

Viaggiare e campeggiare su superfici durevoli è un altro principio chiave. Durante le escursioni, attenersi ai sentieri stabiliti per evitare di calpestare la vegetazione e causare l'erosione del suolo. Quando allestisci il campo, scegli superfici resistenti come roccia, ghiaia, erba secca o neve. Evita di campeggiare su aree morbide e sensibili come i prati, che possono essere facilmente danneggiate dal traffico pedonale e dalle tende. Selezionando superfici durevoli, aiuti a preservare il paesaggio naturale.

Smaltire correttamente i rifiuti è fondamentale per mantenere un ambiente pulito e sano. Raccogli tutta la spazzatura, gli avanzi di cibo e i rifiuti. Ciò include piccoli oggetti come le bucce di frutta, che possono impiegare molto tempo per decomporsi e distruggere gli ecosistemi locali. I rifiuti umani dovrebbero essere smaltiti in una fossa profonda almeno 6-8 pollici e distante 200 piedi da fonti d'acqua, sentieri e campeggi. Utilizzare sapone biodegradabile per il lavaggio e assicurarsi che tutta l'acqua saponata venga smaltita ad almeno 200 piedi da qualsiasi fonte d'acqua.

Lascia ciò che trovi incoraggia gli artigiani del bush a lasciare le caratteristiche naturali e culturali così come sono. Ciò significa non raccogliere piante, disturbare la fauna selvatica o prendere manufatti. Oggetti naturali come rocce, piante e oggetti storici dovrebbero essere lasciati indisturbati in modo che altri possano goderne e gli ecosistemi possano rimanere in equilibrio. Questo principio aiuta a mantenere la natura selvaggia nel suo stato naturale.

Ridurre al minimo l'impatto del fuoco è un principio che si concentra sull'uso attento del fuoco. Gli incendi possono causare danni permanenti all'ambiente, quindi spesso è meglio utilizzare un fornello leggero per cucinare. Se è necessario un fuoco, mantienilo piccolo, usa anelli di fuoco consolidati e brucia solo piccoli bastoncini che possono essere spezzati con le mani. Assicurarsi sempre che l'incendio sia completamente spento prima di partire. Ciò riduce il rischio di incendi e aiuta a mantenere l'aspetto naturale dell'area.

Il rispetto della fauna selvatica è un principio che promuove l'osservazione degli animali a distanza senza disturbarli. Nutrire gli animali può alterare il loro comportamento naturale e renderli dipendenti dall'uomo, il che può essere dannoso. Conservare il cibo in modo sicuro per impedire l'accesso alla fauna selvatica e non avvicinarsi o seguire mai gli animali selvatici. Questo principio aiuta a proteggere sia la fauna selvatica che i bushcrafter riducendo il rischio di incontri pericolosi.

Essere rispettosi degli altri visitatori garantisce che tutti possano godersi l'esperienza della natura selvaggia. Mantieni bassi i livelli di rumore, arrenditi agli altri lungo il percorso ed evita di portare grandi gruppi in aree incontaminate. Rispettare gli altri visitatori mantenendo una distanza educata e riducendo al minimo gli impatti visivi e uditivi. Questo principio promuove un senso di comunità e rispetto reciproco tra coloro che condividono l'amore per la vita all'aria aperta.

Il bushcraft sostenibile va ben oltre il semplice rispetto di questi principi; si tratta di adottare una mentalità che dia priorità alla salute dell'ambiente. La pratica di Leave No Trace aiuta a costruire una connessione più profonda con la natura incoraggiando la consapevolezza e il rispetto per tutti gli esseri viventi. Questa mentalità non solo migliora la tua esperienza, ma aiuta anche a garantire che la natura selvaggia rimanga incontaminata per gli altri.

Un modo per praticare il bushcraft sostenibile è utilizzare le risorse naturali in modo responsabile. Ciò include la ricerca di cibo e materiali in modo da non impoverire l'ecosistema. Ad esempio, quando raccogli commestibili selvatici, prendi solo ciò di cui hai bisogno e lasciane molto per garantire che le piante possano continuare a prosperare e riprodursi. Allo stesso modo, quando si raccoglie legna per incendi o per costruire rifugi, selezionare legno morto e caduto anziché tagliare alberi vivi.

Un altro aspetto del bushcraft sostenibile è la riduzione della dipendenza da materiali sintetici e non biodegradabili. Scegli attrezzature e indumenti realizzati con materiali naturali e sostenibili e opta per articoli riutilizzabili rispetto a quelli usa e getta. Ciò riduce la quantità di rifiuti generati e minimizza l'impronta ecologica.

Anche l'educazione e il sostegno sono componenti importanti del bushcraft sostenibile. Condividi la tua conoscenza dei principi Leave No Trace con gli altri e incoraggiali ad adottare queste pratiche. Diffondendo consapevolezza e promuovendo una cultura del rispetto per l'ambiente, contribuisci allo sforzo collettivo di preservare la natura selvaggia.

Praticare il bushcraft sostenibile implica anche apprendimento e adattamento continui. Man mano che acquisiamo una maggiore comprensione del mondo naturale e degli impatti delle nostre attività, possiamo perfezionare le nostre pratiche per essere ancora più rispettose dell'ambiente. Rimani informato sugli ultimi sforzi di conservazione e ricerca ambientale e sii disposto ad adattare i tuoi metodi di conseguenza.

Incorporare i principi Leave No Trace nelle tue pratiche di bushcraft non solo aiuta a proteggere l'ambiente ma arricchisce anche la tua esperienza all'aria aperta. Procedendo con leggerezza e rispettando il mondo naturale, diventi un amministratore della natura selvaggia, assicurando che la sua bellezza e le sue risorse siano disponibili per le generazioni a venire.

I principi Leave No Trace sono una parte fondamentale del bushcraft sostenibile. Ci guidano nella pianificazione e preparazione, nel viaggio e nel campeggio responsabile, nello smaltimento corretto dei rifiuti, nella preservazione delle caratteristiche naturali e culturali, nella riduzione al minimo dell'impatto dei fuochi, nel rispetto della fauna selvatica e nel rispetto degli altri visitatori. Abbracciando questi principi, possiamo goderci la natura selvaggia proteggendola per i futuri esploratori. Il bushcraft sostenibile è un impegno a vivere in armonia con la natura, promuovendo un più profondo apprezzamento per la natura selvaggia e garantendo che le nostre avventure all'aria aperta abbiano un impatto positivo e duraturo.

Rispetto della fauna selvatica e degli ecosistemi

Il rispetto della fauna selvatica e la preservazione degli ecosistemi sono principi fondamentali per chiunque si dedichi al bushcraft. Quando si pratica il bushcraft, è fondamentale ricordare che la natura selvaggia ospita molte creature ed ecosistemi che fanno affidamento su un delicato equilibrio per prosperare. Mostrando rispetto per la fauna selvatica e preservando gli ecosistemi, possiamo garantire che la nostra presenza nella natura non interrompa questo equilibrio e consenta il mantenimento della salute e della diversità di questi ambienti.

Innanzitutto, comprendere l'importanza del rispetto della fauna selvatica significa riconoscere che gli animali sono parte integrante dell'ecosistema. Ogni specie, non importa quanto grande o piccola, svolge un ruolo nel mantenimento della salute e della funzionalità del proprio habitat. Ad esempio, i predatori aiutano a controllare la popolazione degli animali da preda, che a sua volta influenza la vegetazione di cui si nutrono. La rottura di questo equilibrio può avere effetti a cascata in tutto l'ecosistema. Osservando gli animali a distanza e non interferendo con i loro comportamenti naturali, aiutiamo a mantenere questo equilibrio. Ciò significa evitare azioni come nutrire la fauna selvatica, che possono rendere gli animali dipendenti dal cibo umano e alterare i loro comportamenti naturali di foraggiamento.

Un altro aspetto fondamentale del rispetto della fauna selvatica è ridurre al minimo il nostro impatto sui loro habitat. Quando si allestisce un accampamento o si intraprendono attività come la raccolta di legna da ardere o la costruzione di rifugi, è essenziale scegliere luoghi e materiali che non disturbino gli habitat degli animali. Ad esempio, evita di allestire un accampamento vicino a nidi, tane o tane e usa legna morta o caduta per accendere gli incendi invece di abbattere alberi vivi, che forniscono riparo e cibo a varie creature. Questo approccio aiuta a garantire che gli animali possano continuare a prosperare nei loro ambienti naturali senza stress o spostamenti eccessivi causati dalle attività umane.

Preservare gli ecosistemi implica essere consapevoli delle piante e dei paesaggi che costituiscono il fondamento di questi ambienti. Le piante forniscono cibo e riparo a molti animali e svolgono un ruolo cruciale nel mantenimento della salute del suolo e dei cicli dell'acqua. Quando si pratica il bushcraft, è importante procedere con cautela ed evitare di danneggiare la vegetazione. Ciò significa rimanere su sentieri stabiliti, accamparsi su superfici resistenti come rocce o sabbia e non raccogliere piante a meno che non sia assolutamente necessario. Se hai bisogno di procurarti del cibo, assicurati di conoscere le normative locali e prendi solo ciò di cui hai bisogno, lasciandone abbastanza per consentire alla popolazione vegetale di rigenerarsi.

Le fonti d'acqua sono un'altra componente fondamentale degli ecosistemi che richiedono un'attenta gestione. Ruscelli, fiumi, laghi e zone umide forniscono l'habitat per innumerevoli specie e sono essenziali per la salute dell'intero ecosistema. Quando si pratica il bushcraft vicino all'acqua, è importante evitare di contaminare queste fonti. Ciò significa non lavare i piatti o fare il bagno direttamente in corsi d'acqua o laghi, poiché il sapone e altri inquinanti possono danneggiare la vita acquatica. Invece, porta l'acqua lontano dalla fonte e usa il sapone biodegradabile con parsimonia. Inoltre, fai attenzione a dove smaltisci i rifiuti umani, assicurandoti che avvenga lontano da fonti d'acqua per prevenire la contaminazione.

Oltre a ridurre al minimo gli impatti diretti sulla fauna selvatica e sugli ecosistemi, praticare il bushcraft in modo responsabile implica anche essere consapevoli dell'impatto ambientale più ampio delle proprie attività. Ciò include l'utilizzo di attrezzature e forniture sostenibili ed ecocompatibili, la riduzione degli sprechi e la pratica dei principi Leave No Trace. Ad esempio, opta per articoli riutilizzabili anziché usa e getta, porta via tutta la spazzatura e i rifiuti ed evita l'uso di sostanze chimiche dannose. Facendo queste scelte, contribuisci alla salute generale dell'ambiente e contribuisci a ridurre l'impatto delle attività umane sugli habitat naturali.

L'educazione e la consapevolezza sono componenti chiave del rispetto della fauna selvatica e della preservazione degli ecosistemi. Conoscere la flora e la fauna locali, nonché le sfide ambientali specifiche che l'area che stai visitando deve affrontare, può aiutarti a prendere decisioni più informate. Prenditi il tempo per comprendere i comportamenti e i bisogni degli animali e delle piante della zona e adatta le tue pratiche di conseguenza. Questa conoscenza non solo migliora la tua esperienza nel bushcraft, ma favorisce anche una connessione più profonda con il mondo naturale e un maggiore senso di responsabilità per la sua cura.

Un altro aspetto importante del rispetto della fauna selvatica e della preservazione degli ecosistemi è il sostegno e l'esempio. Condividi le tue conoscenze e pratiche con gli altri, incoraggiandoli ad adottare approcci simili rispettosi e sostenibili al bushcraft.

Che tu stia insegnando a un amico, partecipando a programmi educativi della comunità o semplicemente mettendo in pratica ciò che predichi durante le tue avventure all'aria aperta, svolgi un ruolo fondamentale nel promuovere una cultura di gestione ambientale.

Rispettare la fauna selvatica e preservare gli ecosistemi significa anche essere preparati ad incontri inaspettati con gli animali. Comprendere il comportamento degli animali e sapere come reagire nelle diverse situazioni può aiutare a prevenire i conflitti e garantire sia la tua sicurezza che il benessere degli animali. Ad esempio, se incontri un orso, è importante mantenere la calma, evitare il contatto visivo diretto e indietreggiare lentamente senza voltare le spalle all'animale. Fare rumore durante le escursioni può anche aiutare a prevenire incontri a sorpresa avvisando la fauna selvatica della tua presenza.

Il rispetto della fauna selvatica e la preservazione degli ecosistemi sono principi essenziali per praticare il bushcraft in modo responsabile. Osservando gli animali a distanza, riducendo al minimo il nostro impatto sui loro habitat ed essendo consapevoli della nostra impronta ambientale più ampia, aiutiamo a mantenere il delicato equilibrio degli ecosistemi naturali. L'educazione, la consapevolezza e il sostegno rafforzano ulteriormente la nostra capacità di proteggere questi ambienti, garantendo che rimangano sani e vivaci per le generazioni future. Adottando queste pratiche, non solo arricchiamo le nostre esperienze di bushcraft, ma contribuiamo anche alla sostenibilità a lungo termine del mondo naturale.

Pratiche sostenibili per l'uso della natura selvaggia a lungo termine

Praticare il bushcraft sostenibile è vitale per preservare la natura selvaggia e garantire che le generazioni future possano godere e beneficiare della natura. Bushcraft sostenibile significa utilizzare la terra e le sue risorse in modo da mantenere la salute dell'ambiente, ridurre al minimo il nostro impatto e rispettare gli intricati ecosistemi che prosperano lì. Seguendo alcune linee guida, possiamo interagire con la natura in modo responsabile e lasciarla incontaminata come l'abbiamo trovata.

Uno dei principi fondamentali del bushcraft sostenibile è la filosofia Leave No Trace. Ciò implica essere consapevoli delle nostre azioni e dei loro effetti sull'ambiente. Un aspetto fondamentale è la corretta gestione dei rifiuti. Quando ci si trova nella natura selvaggia, è importante raccogliere tutta la spazzatura, gli avanzi di cibo e i rifiuti. Lasciare i rifiuti non solo danneggia la fauna selvatica, che potrebbe ingerirli, ma distrugge anche la bellezza naturale dell'area. I rifiuti biodegradabili devono essere smaltiti correttamente, ad almeno 200 piedi di distanza dalle fonti d'acqua, per prevenire la contaminazione.

La scelta di superfici durevoli per il campeggio e i viaggi aiuta a proteggere gli ambienti fragili. Installa le tende su terra battuta o campeggi consolidati piuttosto che su vegetazione delicata o muschio, che possono essere facilmente danneggiati. Allo stesso modo, attenersi ai sentieri stabiliti durante le escursioni per evitare di calpestare le piante e causare l'erosione del suolo. Se hai bisogno di avventurarti fuori dai sentieri, allarga il gruppo per evitare di creare nuovi percorsi e di incidere su un'area più ampia.

Quando si tratta di fuochi da campo, usali con parsimonia e responsabilità. Prendi in considerazione l'utilizzo di un fornello da campo per cucinare invece del fuoco, poiché ciò riduce la necessità di legna da ardere e minimizza il rischio di incendi. Se è necessario un incendio, utilizzare anelli di fuoco, pentole per il fuoco prestabiliti o costruire un tumulo per proteggere il terreno. Raccogliere solo legna morta e abbattuta come combustibile; il taglio di alberi o rami vivi danneggia l'ecosistema e riduce l'habitat per la fauna selvatica. Assicurati che il fuoco sia completamente spento prima di lasciare il sito, poiché anche piccole braci possono riaccendersi e provocare un incendio.

La ricerca del cibo dovrebbe essere effettuata con grande attenzione per evitare di esaurire le risorse naturali. Informati sulla flora e sulla fauna locale e raccogli solo ciò di cui hai bisogno. Assicurati di identificare accuratamente le piante per evitare di raccogliere specie in via di estinzione o quelle con un ruolo ecologico cruciale. La raccolta dovrebbe essere effettuata in modo sostenibile, prelevando solo una piccola porzione e lasciandone abbastanza per consentire alla popolazione vegetale di rigenerarsi. Ad esempio, se raccogli bacche, raccoglile da più piante anziché spogliarne una, assicurandoti che la fauna selvatica che fa affidamento su queste fonti di cibo non rimanga senza.

La conservazione dell'acqua è un altro aspetto cruciale del bushcraft sostenibile. Utilizzare le fonti d'acqua in modo responsabile riducendo al minimo la quantità assunta ed evitando la contaminazione. Raccogliere l'acqua da fonti pulite a monte rispetto a dove gli animali potrebbero abbeverarsi o dove altri campeggiatori attingono l'acqua. Usa il sapone biodegradabile con parsimonia e lava i piatti e te stesso ad almeno 200 piedi di distanza dalle fonti d'acqua per evitare che gli inquinanti entrino nell'ecosistema.

Il rispetto della fauna selvatica è essenziale per mantenere l'equilibrio degli habitat naturali. Osserva gli animali da lontano ed evita di dar loro da mangiare, poiché il cibo umano può nuocere alla loro salute e alterare i loro comportamenti naturali. Nutrire la fauna selvatica può rendere gli animali dipendenti dall'uomo e avere maggiori probabilità di avvicinarsi ai campeggi, aumentando il rischio di incontri negativi. Conservare gli alimenti in modo sicuro per evitare che gli animali vi accedano e si abituino alla presenza umana.

Impegnarsi in attività a impatto minimo garantisce che la tua presenza nella natura selvaggia abbia un'impronta limitata. Ciò include tecniche di campeggio a basso impatto come l'uso di amache al posto delle tende in aree sensibili, che riducono il disturbo del terreno. Durante le escursioni, scegli percorsi che riducano al minimo i danni ambientali ed evitino aree sensibili come le zone umide, che possono essere facilmente danneggiate dal traffico pedonale.

L'istruzione e la preparazione sono componenti chiave del bushcraft sostenibile. Prima di addentrarti nella natura selvaggia, cerca l'area specifica che visiterai. Comprendere le normative e le linee guida locali per il campeggio, l'uso del fuoco e l'interazione con la fauna selvatica. Molte aree protette dispongono di regole per preservare i loro ecosistemi unici ed è importante seguire queste regole per sostenere gli sforzi di conservazione.

Praticare il catch and release durante la pesca aiuta a mantenere le popolazioni ittiche e garantisce che i futuri pescatori possano vivere la stessa esperienza. Utilizza ami senza ardiglione per ridurre le lesioni ai pesci e maneggiali il meno possibile, rilasciandoli rapidamente in acqua. Se hai intenzione di allevare pesci a scopo alimentare, segui le normative locali relative alle dimensioni e ai limiti di cattura per prevenire la pesca eccessiva e consentire alle popolazioni ittiche di prosperare.

L'utilizzo di attrezzature e forniture sostenibili riduce ulteriormente l'impatto ambientale. Scegli attrezzature realizzate con materiali ecologici ed evita articoli monouso. Scegli batterie ricaricabili e dispositivi a energia solare invece di quelli usa e getta e considera la longevità e la riparabilità della tua attrezzatura per ridurre gli sprechi. Supportare le aziende che danno priorità alla sostenibilità nei loro processi produttivi contribuisce anche a più ampi sforzi di conservazione.

Sostieni la conservazione e la sostenibilità condividendo le tue conoscenze e pratiche con gli altri. Sia attraverso programmi di educazione formale, social media o conversazioni casuali, incoraggiare gli altri ad adottare pratiche sostenibili di bushcraft aiuta a diffondere la consapevolezza e promuove una cultura di rispetto per la natura. Dando l'esempio, ispiri gli altri a seguire l'esempio e contribuisci alla preservazione delle aree selvagge.

Il bushcraft sostenibile significa fare scelte ponderate e informate che proteggono e preservano il mondo naturale. Seguendo i principi Leave No Trace, gestendo correttamente i rifiuti, utilizzando le risorse con parsimonia e rispettando la fauna selvatica e gli ecosistemi, garantiamo che il nostro impatto sulla natura selvaggia sia minimo. L'educazione, la preparazione e il sostegno sostengono ulteriormente questi sforzi, permettendoci di godere della bellezza e della solitudine della natura senza comprometterne la salute e la vitalità. Il bushcraft sostenibile non solo migliora le nostre esperienze all'aria aperta, ma salvaguarda anche l'ambiente affinché le generazioni future possano esplorarlo e apprezzarlo.

CONCLUSIONE

Intraprendere il viaggio del bushcraft è un'avventura emozionante e gratificante. Apre un mondo di fiducia in se stessi, profonda connessione con la natura e un senso di realizzazione che deriva dal padroneggiare le abilità essenziali di sopravvivenza. Man mano che continui a praticare ed espandere le tue abilità nel bushcraft, ti ritroverai a crescere non solo nella conoscenza pratica ma anche nella fiducia e nella resilienza.

Bushcraft è molto più di un semplice insieme di competenze; è una mentalità che incoraggia l'intraprendenza e l'adattabilità. Ogni volta che ti avventuri nella natura selvaggia, hai l'opportunità di imparare qualcosa di nuovo, che si tratti di identificare una pianta che non hai mai visto prima, di affinare le tue tecniche di costruzione di rifugi o di appiccare con successo un fuoco in condizioni difficili. Queste esperienze costruiscono una profonda comprensione del mondo naturale e del tuo posto al suo interno.

Uno degli aspetti più entusiasmanti del bushcraft è che c'è sempre qualcosa da imparare. La natura è un'aula in continua evoluzione e ogni stagione porta nuove lezioni. In primavera, potresti concentrarti sulla ricerca di piante fresche e sulla conoscenza delle loro proprietà medicinali. L'estate offre la possibilità di praticare la pesca e perfezionare le proprie abilità culinarie sul fuoco. L'autunno è l'ideale per la caccia e la cattura, mentre l'inverno ti sfida ad affinare le tue tecniche di costruzione di rifugi e di accensione del fuoco quando fa freddo. Abbracciando le diverse stagioni, puoi sviluppare continuamente una serie di abilità a tutto tondo che ti preparano per qualsiasi situazione.

La comunità gioca un ruolo vitale nel viaggio nel bushcraft. Entrare in contatto con altri appassionati, sia attraverso gruppi locali, forum online o corsi di bushcraft, offre preziose opportunità per condividere conoscenze, scambiare suggerimenti e imparare dalle reciproche esperienze. Partecipare a seminari e partecipare a gite di gruppo può esporti a nuove tecniche e idee che potresti non incontrare da solo. Inoltre, insegnare agli altri ciò che hai imparato rafforza le tue capacità e contribuisce alla crescita della comunità bushcraft nel suo complesso.

Mentre approfondisci la tua pratica del bushcraft, ricorda l'importanza di rispettare la natura e praticare la sostenibilità. La natura selvaggia fornisce tutto ciò di cui hai bisogno, ma è essenziale restituire proteggendo e preservando l'ambiente. L'adesione ai principi Leave No Trace, la riduzione al minimo dell'impatto e l'attenzione all'utilizzo delle risorse garantiscono che il mondo naturale rimanga sano e vivace per le generazioni future. Questa gestione è un aspetto fondamentale del bushcraft, poiché promuove un senso di responsabilità e gratitudine per la terra.

Un altro elemento chiave del bushcraft è la consapevolezza di sé. Trascorrere del tempo nella natura ti consente di connetterti con te stesso a un livello più profondo. Incoraggia la consapevolezza, la pazienza e l'attenzione al momento presente. Quando costruisci un rifugio, accendi un fuoco o cerchi cibo, devi essere pienamente coinvolto con l'ambiente circostante e con le tue azioni. Questa immersione nel mondo naturale può essere incredibilmente fondamentale e terapeutica, offrendo una gradita pausa dallo stress e dalle distrazioni della vita moderna.

La crescita personale è una parte significativa del viaggio nel bushcraft. Ogni sfida che affronti e superi nella natura selvaggia rafforza la tua resilienza e le tue capacità di risoluzione dei problemi. Che si tratti di affrontare cambiamenti meteorologici imprevisti, di navigare attraverso fitte foreste o di trovare cibo e acqua in una nuova area, queste esperienze ti insegnano a mantenere la calma, a pensare in modo critico e ad adattarti rapidamente. Nel corso del tempo, questa resilienza si traduce in altre aree della tua vita, dandoti la sicurezza necessaria per affrontare le sfide quotidiane con una mentalità da bushcraft.

L'innovazione e la creatività fioriscono anche nella pratica del bushcraft. La natura selvaggia spesso richiede di pensare fuori dagli schemi e trovare soluzioni creative ai problemi. Che si tratti di creare uno strumento improvvisato con i materiali disponibili, di ideare un nuovo modo di allestire il tuo rifugio o di trovare una fonte di cibo alternativa, Bushcraft ti incoraggia a usare il tuo ingegno e la tua intraprendenza. Questo pensiero creativo non solo migliora le tue capacità di sopravvivenza, ma arricchisce anche la tua esperienza di vita complessiva.

La formazione continua è fondamentale per migliorare le tue abilità nel bushcraft. Sono numerose le risorse disponibili, da libri e corsi online a workshop e spedizioni guidate. Ampliare le tue conoscenze attraverso queste risorse ti consente di imparare dagli esperti, scoprire nuove tecniche e rimanere aggiornato sulle migliori pratiche. Inoltre, studiare la storia naturale, la geologia e l'ecologia delle aree che esplori migliora la tua comprensione e il tuo apprezzamento per l'ambiente, rendendo la tua pratica del bushcraft ancora più significativa.

Mentre viaggi più profondamente nel mondo del bushcraft, stabilisci obiettivi personali per mantenerti motivato e sfidato. Questi obiettivi possono variare dall'acquisizione di un'abilità specifica, come la perforazione con l'arco per il fuoco o l'identificazione di un certo numero di piante commestibili, alla pianificazione ed esecuzione di una spedizione in solitaria di più giorni. Il raggiungimento di questi obiettivi fornisce un senso di realizzazione e ti incoraggia a continuare a superare i tuoi limiti.

In definitiva, il bushcraft riguarda la costruzione di un rapporto armonioso con la natura. Si tratta di imparare a leggere i segni del mondo naturale, comprendere i ritmi delle stagioni e riconoscere l'interconnessione di tutti gli esseri viventi. Immergendoti in questa pratica, sviluppi un profondo rispetto per l'ambiente e un impegno a preservarne la bellezza e le risorse.

Il viaggio del bushcraft è un'avventura che dura tutta la vita piena di infinite opportunità di apprendimento, crescita e connessione. Praticando ed espandendo continuamente le tue abilità, non solo diventerai più abile nel sopravvivere e prosperare nella natura selvaggia, ma svilupperai anche un apprezzamento più profondo per il mondo naturale e il tuo posto al suo interno. Accettare le sfide, valorizzare le esperienze e portare avanti i principi di sostenibilità e rispetto. Il tuo viaggio nel bushcraft non consiste solo nell'acquisire abilità; si tratta di coltivare una mentalità che celebra e protegge i luoghi selvaggi che abbiamo il privilegio di esplorare. Continua a imparare, continua a esercitarti e goditi ogni passo del tuo viaggio nel bushcraft.